暗殺教室（あんさつきょうしつ）
殺（ころ）すう

数学が苦手だからって
あきらめちゃダメです
宇宙への道も
一つの数式から
はじまるのですから

まるごと中学基礎数学

松井優征せんせーからのメッセージ

このたびは「暗殺教室　殺すう」を
お買い上げいただきありがとうございます！
英語の「殺たん」でいただいた大好評を受けて、
数学本にもチャレンジしてみました。

今作は中学1年生から
3年生まで習得する「数学」の基礎を収録。
さらに練習問題なども各所に入れており、
高校受験にも役立つ仕様となっています。

数学本は今回が初めての挑戦なので、
まだまだやれることは沢山あるかもしれません。
ですが、本作を通じて、
とっつきづらい数学に少しでも多く触れて、
数学の面白さに
興味を持っていただければ
幸いです。

小説部分はE組きってのスナイパーコンビ、
速水さんと千葉さんが主人公！
千葉君は数学的思考に優れた
理数系スナイパーで、
一方の速水さんは感性で動く
文系のスナイパー。
二人の特性や思考回路の
違いなどにも注目しながら、
皆さんの得意科目と同じ方のスナイパーに
感情移入して読んでみて下さい。

優れた暗殺者は万(よろず)に通ず!!
英語、数学、苦手な教科にロックオンして
一流の暗殺者を目指しましょう!!

月 日 日直
松井優征

暗殺教室 殺すう
まるごと中学基礎数学

CONTENTS

松井優征せんせーからのメッセージ……002

「殺すう」内容のご案内……006

第1章 中1数学 007

小説 #1 見えない狙撃手の時間……008

[3年E組数学レポート]算数用語のキホン!!……016
- □ 正の数・負の数……018
- □ 文字と式……024
- □ 方程式……030
- □ 比例と反比例……034
- □ 平面図形……040
- □ 空間図形……052
- □ 資料のちらばりと代表値……064

小説 #2 ピクニックと発見の時間……072

[3年E組数学レポート]世にも奇妙な数字……080

第2章 中2数学 081

小説 #3 鏡の時間……082

- □ 式の計算……098
- □ 連立方程式……104
- □ 1次関数……110
- □ 図形の調べ方……120
- □ 合同な図形と証明……128
- □ 確率……136

[3年E組数学レポート]奥義! 寺坂千裂指弾!……148

第3章 中3数学 149

小説 #4 千葉&速水の時間……150

- □ 式の展開と因数分解……162
- □ 平方根(ルート)……168
- □ 2次方程式……174
- □ 関数 $y=ax^2$……180
- □ 相似な図形……186
- □ 三平方の定理……194
- □ 円……198
- □ 標本調査……204

[3年E組数学レポート]この数学用語がすごい!!!……210

第4章 解答と特別試験 211

小説 #5 商店街の時間……212

[3年E組数学レポート]未解決数学24時……224

- □ 練習問題の解答・解説……226

[3年E組数学レポート]世界の幸運&不吉ナンバー……252

- □ ハイレベル問(モン)スター……253

小説 #6 狙撃の時間……266

- □ 修了試験……280
- □ 索引……286

巻末袋とじ

修了試験解答 289

松井優征先生特別描き下ろし漫画 294

殺せんせー評価 296

殺すう

内容のご案内

ヌルフフフ
私の参考書に「数学」が新登場です。中学数学は数字だけの小学校までと違い、表現の手段が格段に広がってます。それを「難しい」と、とらえるのではなく、「可能性」を大きく広げてくれると考えた方が楽しく学ぶことができますよ。苦手な単元も出てくるとは思いますが、あきらめずに私とE組の生徒たちと一緒に、1つ1つクリアしていきましょう。まずは、この本の内容の紹介です。

収録内容

書き下ろし小説

松井優征先生監修の書き下ろし小説です。主人公はE組で狙撃手として活躍した、千葉くんと速水さん。勉強も大切ですが、たまには息抜きも必要ですすよ。

単元ごとの授業

中1から中3までの単元を、例題を交えてレクチャーします。その単元で大切な部分はチェックポイントで解説しています。高校受験にも役立つ練習問題も付いてますので、授業の最後にチャレンジしましょう。

試験問題

すべての単元を理解したら巻末にある修了試験に挑戦してみましょう。さらに難易度ハードの「殺すう」スペシャル問題「ハイレベル問(モン)スター」もご用意してますよ。

袋とじ&特製「ころ定規」

巻末には先生の表情入りの特製「ころ定規」を封入。そして袋とじには、修了試験の解答と松井優征先生描き下ろし漫画を収録していますよ。

英語学習参考書殺たんシリーズ

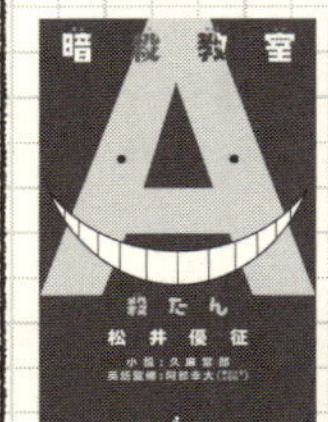

「英単語」「熟語」「文法」

3冊そろって大好評発売中!!

第1章

中1数学

#1 見えない狙撃手の時間 小説
#2 ピクニックと発見の時間

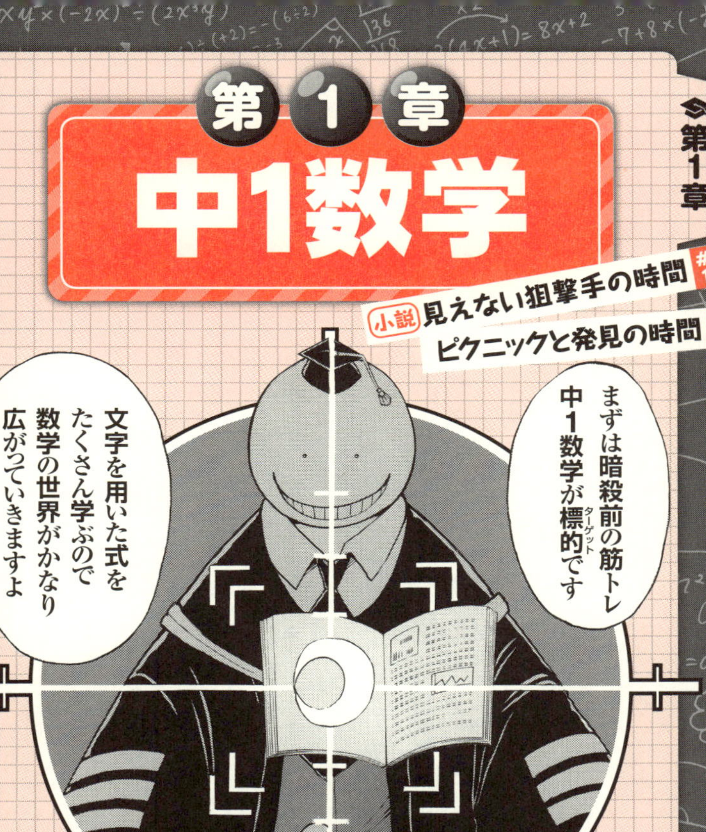

学習範囲

- □ 正の数・負の数
- □ 文字と式
- □ 方程式
- □ 比例と反比例
- □ 平面図形
- □ 空間図形
- □ 資料のちらばりと代表値

いつものE組のいつもの昼休み、千葉龍之介、岡島大河、それに竹林孝太郎の3人が集まって、いつものように雑談に興じている。それはほとんど日常化した、いつもの風景だった。

だが、その日はいつもとは少しだけ雰囲気が違っていた。

きっかけは、千葉がつぶやいた一言だった。

「だからよ千葉、その方法は今まで何度も試してきたじゃねーか。それだけじゃ無理だと痛感したから、今は他の方法と組み合わせてるんだろ」

カメラの手入れをしていた岡島が、あきれ顔で返した。

「わかってるさ。だから、なんとかならないかって思うんだ」

千葉は、知らない人間が聞けばぶっきらぼうにも思える調子で答えた。長く垂らした前髪で目を隠していることと、もともと口数が少ないために誤解されやすいが、付き合いの深いクラスメートたちは、これが普段通りの温厚で冷静な彼だと知っていた。

それを聞いた竹林が、人差し指でメガネを直しながら指摘する。

「単発で狙撃すれば、どうしても弾より発砲音の方が先に届く。殺せんせーは、音のした方向で弾道を察知して、簡単に避けてしまう。なにしろマッハ20の怪物だからね」

「なんの話？」

　そう言って割り込んできたのは、速水凛香（はやみりんか）だった。E組でも、千葉とならんで狙撃の成績はトップを行く女子である。

「いや、千葉が、狙撃だけで殺（ころ）せんせーを暗殺できる方法はないかと言っていてね」

　竹林が答えると、速水は小さく首をかしげた。

　その暗殺は千葉と二人で何度も挑戦してきた。射撃成績ツートップのメンツにかけて。だが、今竹林が言った理由や、標的（ターゲット）の教師の超人的な能力のせいで、全て失敗に終わっている。

　単純な狙撃だけじゃ、まず殺せない。それが二人で出した結論のはずなのに。

　千葉は、そんな速水の表情を見て、すぐに彼女の考えを理解し、言葉を繋いだ。

「無理筋（すじ）なのはわかってるさ。だけど、このままなにもしないのも悔しいだろ」

「まあね」

　速水がそううなずいた時だった。

「皆、聞いてくれ」

　教室に入ってきた烏間惟臣（からすまただおみ）が、教壇に立ってその場にいる全員に向かって言った。

「奴がいない間に伝えておく。政府が新しい暗殺者を雇った」

　驚きはなかった。これが初めてではないからだ。いままでにも何度か政府の雇ったプロの暗殺者が送り込まれてきているが、E組の生徒を巻き込む危険があるような時は事前通告してくるのがいつものパターンだった。

「烏間先生、今度はどんなのが来るんですか？」

　少し離れた場所で雑談していた、片岡メグがたずねる。

「ちょっとした有名人でな。その筋では『伝説のスナイパー』と呼ばれている」

　烏間がそう答えると、千葉と速水の顔がさっと上がった。

「またひねりの無いあだ名を・・・」

　岡島が苦笑まじりに口をはさむ。

「大げさな名に恥じない凄腕という事だ。なんでも、ありえない位置から何度も狙撃を成功させているらしい」

「ありえない位置？」

　烏間の言葉に、竹林が首をかしげた。

「具体的に言えば、ビルの向こうにいるのに、その反対側の標的に弾丸を命中させたり、だな。もちろんガラスを撃ち抜いてとか、そういうのじゃない——どうやら、興味津々といった顔だな？」

　最後に烏間が発した言葉は、竹林にではなく千葉と速水に向けられたものだった。

二人はほぼ同時にうなずいた。
「立場上、あまり力にはなれんが、調べようはあるだろう。特に君等二人にとっては、今後の暗殺の参考になるんじゃないか？」
「そのスナイパーが殺せんせーを仕留めてしまえば、参考もなにもないと思いますが」
竹林の声に、烏間は肩をすくめて見せた。
「俺はそうは思わん。奴が、ろくに奴のことも知らない人間に殺られるはずがない。たとえその相手が、伝説のスナイパーと呼ばれている人物だろうとな。それは、君等の方がよくわかってるんじゃないか？」

情報を集めること自体は、そんなに難しくなかった。
スマホや私物のパソコンで海外のニュースを検索して、狙撃関連の事件を調べてみると、それらしい記事がいくつも見つかった。ほとんどは英文だったが、竹林やその場に居あわせた中村莉桜のおかげもあって、読みこなすのに時間はかからなかった。
「烏間先生の言う通りだな……これ見ろよ、防弾リムジンのドアを開けた瞬間に撃たれてる。こんな方向からの射線なんか、当然潰してあるはずなのに」
千葉が、ながめていたパソコンの画面を持ち上げる。そこにあったのは、さる犯罪組織のトップが、厳重な警戒

NOTE BOOK

の中で暗殺されたという内容の記事だった。
「それってそんなに難しいのか？」
　岡島が画面に目をやると、千葉がうなずいた。
「リムジンから降りるときもボディガードに囲まれていたようだし、入ろうとしていた建物は組織のビルだからな。ドア越しにリムジンの中へ撃ち込める狙撃ポイントなんか、あるわけない」
「身を隠して撃ったって可能性は？」
　さらに岡島がたずねる。千葉はかぶりを振った。
「建物との距離は10メートルくらいしかないんだ。どんなにうまく隠れても、そんな距離で撃てばさすがにバレるだろ？　でも、狙撃手がどこにいたのか、この記事じゃわかっていないことになってる」
「これもそうだね。警官隊が警備している中で、正面から撃たれてる。正面はもちろん、まわりの建物は全部封鎖されていたし、上空からも監視されていたのに」
　速水が見ていたのは、ヨーロッパで、さる企業のトップが狙撃された事件だった。
「見出しも『魔術師の仕業か？　見えない狙撃手の恐怖』だもんね。これがタブロイド紙だったらいかにもってところだけど——」
　中村が、速水の肩越しにパソコンをのぞき込みながら言った。

「おなじ事件を扱った別の記事がいくつも見つかってるし、本当にあったことみたいね」
「そうだね。でもこれじゃ、なにやってるのかさっぱりだなー、うーん」
　中村の言葉に、速水が考え込む。
「ねえ、これ見て。『奇妙なことに、現場から発見された銃弾は、マスケット銃を思わせる球状のものだった』だって。これなにかのヒントにならない？」
　中村が指差した先には、彼女がいま訳して聞かせた英語の文章と、その脇に小さな写真で比較のためにライフル弾と並べて置かれた、パチンコ玉のような丸い銀色の弾が表示されていた。
　千葉も、身を乗り出して速水のスマホを見てから、大きくひとつうなずいた。
「うん、助かるよ、中村。これ、たぶんすごいヒントになると思う」
　いつもはあまり感情を表に出さない千葉が、珍しく熱のこもった口調で言いながら、じっと画面に目をやった。
「ね〜、さっきからなにしてんの？」
　倉橋陽菜乃が、中村の背中から声をかけてきた。事情を話すと、倉橋はいつもの調子でにこにこと答えた。
「へえ、そっか、面白そうだねえ。で、なにかわかったの？」
　答えたのは竹林だった。

「もともとネットの記事では情報量が足りない。もっとなにか別の情報にあたる必要があるだろうな」

言いながらこちらを見る竹林に、千葉もうなずいた。

「ねえねえ？」

竹林のパソコンをのぞき込んでいた倉橋が、顔を上げた。

「それなら、その記事の現場に行って、見てくればいいんじゃない？」

「それいい考えだけど、全部ヨーロッパとかアメリカの話だからねえ……あれ？」

中村はそう答えてから、自分のスマホを見直して眉をひそめた。

「この記事、英語だけど現場は日本みたい」

千葉が聞き返す。

「なんだって？」

中村はさらにスマホを操作して、出てきた画面を持ち上げて見せた。

「あはは、しっかり日本語の記事もあったわ。そういやニュースでやってた気がする。東京の渋谷だって。マフィアのボスって書いてあるからなにかと思ったら、国際展開してるヤクザの親分だったみたい」

「決まり〜、週末は渋谷で現場検証ピクニックだー!!」

倉橋がポンと手を打った。

3年E組数学レポート

算数用語のキホン!!

まずはおさらい！

本格的な授業前に、小学校で習ったおさらいをしよう。ここで復習することは、今後もかなり活用するものばかりだから絶対に忘れないように！

数学の単位

まずは数学に必ずでてくる単位のおさらい。もちろん全部知ってるよね？

長さ／2億9979万2458分の1秒間に進む光の距離（1m）が基準

m	メートル	
mm	ミリメートル	1mm=0.001m（1mの1000分の1）／10mm=1cm
cm	センチメートル	1cm=0.01m（1mの100分の1）／100cm=1m
km	キロメートル	1km=1000m（1mの1000倍）

面積／平面または曲面の内側の大きさ。土地の広さなどで活用

cm^2	平方センチメートル	1辺が1cmの正方形の面積は$1cm^2$ $1cm^2=0.0001m^2$／$10000cm^2=1m^2$
m^2	平方メートル	1辺が1mの正方形の面積は$1m^2$
km^2	平方キロメートル	1辺が1kmの正方形の面積は$1km^2$ $1km^2=1000000m^2$

体積／物体が空間内に占める量・かさ。個体はm^3、液体にはLやccなど

cm^3	立方センチメートル	1辺が1cmの立方体の体積は$1cm^3$／$1000000cm^3=1m^3$
m^3	立方メートル	1辺が1mの立方体の体積は$1m^3$
mL	ミリリットル	$1mL=1cm^3$／100mL=1dL／1000mL=1L
dL	デシリットル	$1dL=100cm^3$／10dL=1L
L	リットル	1辺が10cmの立方体の体積は1L $1L=1000cm^3$／1000L=1kL
kL	キロリットル	$1kL=1m^3$
cc	シーシー	$1cc=1cm^3$

重さ／約200年前に4℃の蒸留水1Lの重さを1kgと決めた

kg	キログラム	
mg	ミリグラム	1mg=0.000001kg（1kgの100万分の1）／1000mg=1g
g	グラム	1g=0.001kg（1kgの1000分の1）／1000g=1kg
t	トン	1t=1000kg（1kgの1000倍）

面積の求め方

平面の図形を求める公式は覚えてる？　P.40から詳しくやるので要チェックだよ。

- 正方形＝1辺×1辺
- 長方形＝たて×横
- 平行四辺形＝底辺×高さ
- 三角形＝底辺×高さ÷2
- 台形＝（上底＋下底）×高さ÷2
- ひし形＝対角線×対角線÷2
- 円＝半径×半径×3.14（円周率）

体積の求め方

P.52に「空間図形」の授業があるからね。頭の中で形をイメージするのが大切。

- 立方体＝1辺×1辺×1辺
- 直方体＝たて×横×高さ
- 角柱or円柱＝底面積×高さ
- 角すいor円すい＝底面積×高さ÷3
- 球＝半径×半径×半径×3.14(円周率)×3分の4

表面積の求め方

立体図形の表面の面積を求める公式。切り開いて平面に広げたときの形がポイントだよ。

- 立方体＝1辺×1辺×6
- 球＝半径×半径×3.14（円周率）×4
- 円すい＝（半径＋母線）×半径×3.14（円周率）
- 円柱＝（半径＋高さ）×半径×3.14（円周率）×2

速さの求め方

速さ・距離・時間の関係がわかると日常でも役立つ。試験問題でも高確率ででてくるからね。

- 速さ＝距離÷時間
- 距離＝速さ×時間
- 時間＝距離÷速さ

割合の求め方

ここは俺の出番だ。もとの量に対する、ある量の比率のこと。野球の3割打者は10打席で3本ヒットを打ってるってことなんだ。

- 割合＝くらべられる量÷もとにする量

百分率の求め方

全体を100としたときの割合。天気予報でもおなじみ「%(パーセント)」という単位を使うからね。

- 百分率（%）＝くらべられる量÷もとにする量×100

円周率について

円の面積を求める際に必要となる「**円周率＝3.14**」のことは小学校でも習ったよね。円の周囲が円の直径の何倍であるかをしめす割合で、直径が1cmでも100mでも、必ず約3.14になるんだ。別名「**π（パイ）**」と呼ばれていて……。

「パイ」だと!?　俺の専門分野じゃないか!!

岡島（おかじま）君、数学、得意分野だったんだ。

「パイ」は男のロマンだ！　ふっくらと丸みをおびたセクシーな曲線美。神々しいほどそそられる質感。見ているだけで甘美な興奮が、俺の全身を襲ってくるぜ!!

なんか違う分野のものに聞こえてくるんだけど……

円周率（π）＝3.14

円の大きさが変わっても、直径と円周の比率は変わらない。「π」はギリシア語で「周囲」の頭文字が由来。

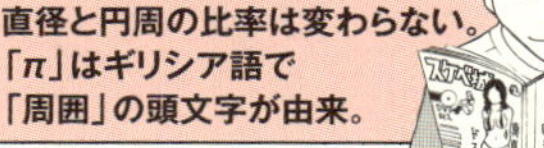

正の数・負の数

中学では負の数の登場で数字の世界が倍に広がります。まずはこの扱いに慣れることが基本のキですよ。

殺せんせー

戸惑うかもしれないけど、
負の数は僕らの身近にも意外とあるよね。

check point ▶ 正の数と負の数

負の数　0より小さい数

気温がマイナス2度とかニュースでよく聞きますねえ。
これは0より2少ない数を表しているんです。
数学では−2と書きますよ。

正の数　0より大きい数

今まで出てきた4とか12みたいな普通の数字のことをいいます。
+3（プラス3）みたいに+の符号付きの数字が出てきたら3のことを表してるんだと思ってください。

符号　＋（プラス）と－（マイナス）のこと

自然数　正の整数（1, 2, 3, ・・・）のこと

数直線にすれば寺坂でもわかるだろう。
つまるところ、ゼロからどちらにどれだけ離れているかだ。

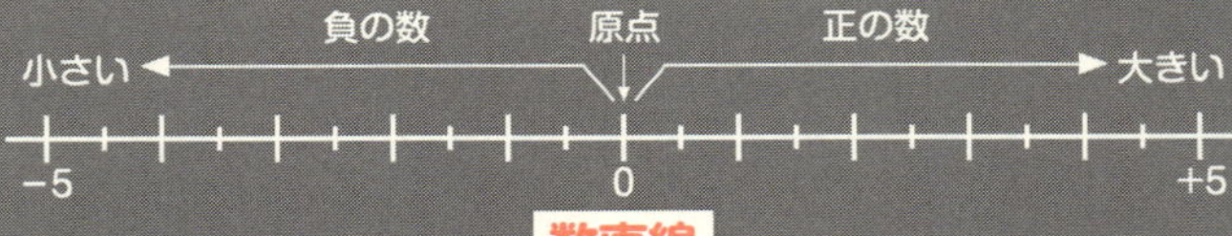

数直線

check point ▶ 不等号

大なり	小なり	大なりイコール	小なりイコール
＞	＜	≧	≦
より大きい	未満	以上	以下

（例）　9>4　　3<5　　−2<−1

数字の大きさを比べるときに使う記号です。
幅が広い方に大きな数字がきます。

未満と以下ってちげーのか!?

なんで1より2が小せーんだ!?

寺坂はじめ慣れないやつらは、イコールがあるかないかと負の数同士を比べる時に注意ってことだ。

check point ▶ 絶対値

★数直線上の0（原点）からの距離。

★0の絶対値は0

$$|3| = |-3| = 3$$

縦棒で挟まれた数字が出てきたら符号が取れます。

以下の問題を解きなさい。
（答えは次のページの下段にあります。）

頭に数直線をイメージしましょう!

①4より8少ない数を書きなさい。

②−2より5大きい数を書きなさい。

③3□5　が正しい式となるように不等号を入れなさい。

④−3□−5　が正しい式となるように不等号を入れなさい。

check point ▶ 負の数を含むたし算とひき算

【たし算】−3をたすのは3をひくのと同じになります。

（例）　$(+9)+(-3)=9-3=6$

【ひき算】−3をひくのは3をたすのと同じになります。

（例）　$(+7)-(-3)=7+3=10$

【かけ算・わり算】数字の部分を計算したあとに符号を付けましょう。両方とも符号が同じならプラス、符号が違ったらマイナスになります。

（例1）　$(+4)\times(-2)=-(4\times2)$
$=-8$
+4と−2は符号が違う

（例2）　$(-3)\times(-9)=+(3\times9)$
$=27$
−3と−9は符号が同じ

（例3）　$(-6)\div(+2)=-(6\div2)$
$=-3$
−6と+2は符号が違う

負の数を負の数にかけるってどゆこと…？

負の数の分だけ符号がひっくり返るって考えるとなんとなくイメージしやすいかもね〜。

check point ▶ 計算する順番のルール

①かっこの中を計算する。

②かけ算とわり算を計算する。

③たし算とひき算を計算する。

カッコつくものは全てに優先する…。先生を象徴するようなルールです。

（例）　$9+(3+5)\times6+2\times3$

$=9+8\times6+2\times3$ ……………… かっこの中を計算する

$=9+48+6$ ……………………………… かけ算を計算

$=63$ ……………………………………… たし算を計算

例題の答え：①−4　②+3もしくは3　③<　④>

check point ▶ 中学数学のわり算と分数のルール

①÷の記号は使わずに、分数で書く。

（例）　○÷3 は、$○\times\frac{1}{3}$

このあたりを覚えると
数式がグッと数学
らしくなってきますよ。
オトナisシンプル

②約分できるところまで約分する。
わり切れないときは分数のまま。

（例）　$\frac{5}{3}$　←1余り2（×）

余りは使いませんよ。

③帯分数は使わない（分子が分母より大きくても問題ない）。

（例）　$\frac{5}{3}$　←$1\frac{2}{3}$（×）

④分子と分母を入れ替えたものを **逆数** という。

（例）　$\frac{3}{7}$ の逆数は $\frac{7}{3}$

3は $\frac{3}{1}$ とも書けるので、3の逆数は $\frac{1}{3}$

check point ▶ 累乗（るいじょう）

数字の右上に小さい数字がつくものを累乗といい、
同じ数字どうしをかける計算を意味するんです。

（例1）　$3^4 = \underbrace{3\times3\times3\times3}_{4} = 81$

（例2）　$(-2)^4 = (-2)\times(-2)\times(-2)\times(-2) = 16$

（例3）　$-2^4 = -(2\times2\times2\times2) = -16$

2の4乗は2×4じゃないの、
注意ね〜。

「正の数・負の数」の練習問題にチャレンジ!
正解したらチェック欄にチェックを入れよう!
⇒解答・解説はP.227をチェック!

チェック欄

□□ ① $3-(4-7)$ 〈山形県〉

□□ ② $-7+8\times\left(-\frac{1}{4}\right)$ 〈東京都〉

□□ ③ $(-3)^2-5^2$ 〈山梨県〉

椚ヶ丘学園マスコット
くぬどん

チェック欄

□□ ④ 次のア〜エの中から、つねに正しいものを選びなさい。

〈福島県・改題〉

ア	正の数に負の数をたした答えは正の数
イ	正の数から負の数をひいた答えは正の数
ウ	正の数に負の数をかけた答えは正の数
エ	正の数を負の数でわった答えは正の数

殺すう学者が贈る 殺る気が出る名語録

暗殺の根源は数である

（ピタコロス）

[原文]万物の根源は数である
（ピタゴラス／紀元前582年〜紀元前496年）

文字と式

なんで数字の式に文字が出てくんだ〜!?
と思ったけど使うと意外と便利だぜ!

寺坂竜馬（てらさかりょうま）

例題

対先生弾入り
手榴弾

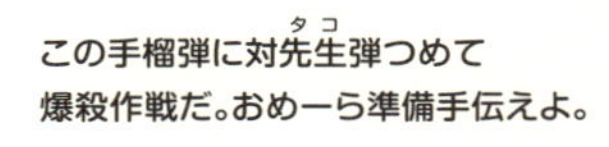

この手榴弾に対先生弾（タコ）つめて
爆殺作戦だ。おめーら準備手伝えよ。

とりま材料調達だな。
手榴弾1個につき対先生弾（タコ）300個ってとこか?

2個作るとして、300×2だから
とりあえず600か。
これもっと作るとき
どーすりゃいいんだ?

300×2＝600

300×(手榴弾の個数)ってことだろ?
(手榴弾の個数)次第だから、必要な
(手榴弾の個数)が決まったら…
って、あ゛ーもう!
(手榴弾の個数)っていちいち言うのめんどくせーな!!

そこで便利なのが「x」です。

暗殺対象（ターゲット）が
アドバイスしてきやがった!!

値の決まらないものに対して、
数学では「x」などの**文字**で置きかえる
ことが常識です。
それを踏まえると必要な対先生弾は
こう表記できます。

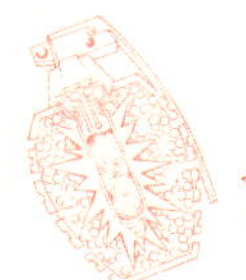

$300x$

さぁ皆さん、この**文字式**に
必要な手榴弾の個数を**代入**すれば、
材料調達は万全！
いつでもどこでも、意欲的な暗殺、
お待ちしていますよ。

てめーがしゃしゃったせいで
計画練り直しだわ…。

あ、ちなみに×（かける）の記号は
省略するので気をつけてください。

check point ▶ 文字式

1 かけ算の記号は省略。文字と数字があるときは数字が先頭に来る。

（例）　$c \times 3 \times a \times b \rightarrow 3abc$

$1 \times x$ の時はx、$-1 \times x$ は $-x$ って書くんだと。
まぁ当たり前っちゃ当たり前だな。

2 同じ文字どうしのかけ算は累乗を使って書く。

（例）　$x \times y \times y \times z \times z \times z \rightarrow xy^2z^3$

タコの裏をかくのに
小回りきく $\frac{1}{2}$ サイズ爆弾も
同じ数だけ作っとこうぜ。

300の半分で同じ数ってことは
$150x$ ってことだから…
これどーやって計算すんだ?

$$300x + 150x = 450x$$

文字が同じなら数字の部分は
そのままたし算できますねぇ。

またてめーかよ!!

君達全員に大小1つずつ用意すると
xに6をパッと代入して…2700!
さぁみなさん準備にとりかかってください!

……このタコ……!!

check point ▶ 文字式のたし算とひき算

同じ文字どうしはさっさと計算
してまとめろってことだ。

（例）　$3x+2y+4x+7z+x-3y$（xは$1\times x$のことだよ）

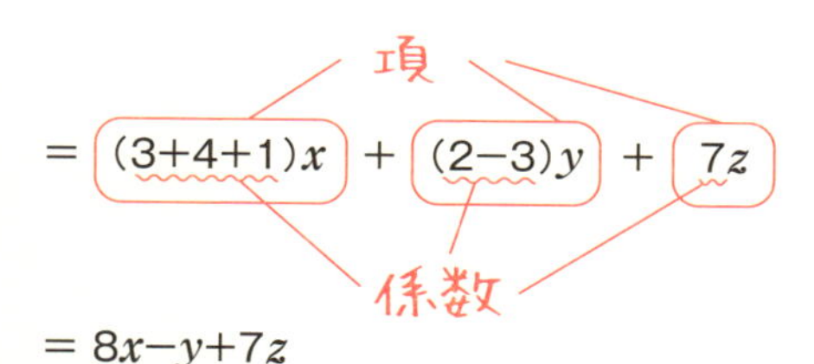

$= (3+4+1)x + (2-3)y + 7z$

$= 8x-y+7z$

この時、それぞれの文字のグループを**項（こう）**
項の数字の部分を**係数（けいすう）**といいます。
ただの用語ですが一応覚えといてくださいね。

check point ▶ 文字式のかけ算とわり算

累乗覚えてる～？
累乗の数字はかけると増えて
わると減るだけだから慣れればけっこうチョロいね。

（例）　$a\times b^2\div a^2\times c\times a^3\div b$

$=a^{1-2+3}\times b^{2-1}\times c$

$=a^2bc$（累乗の数字が1の時も省略）

check point ▶ 等式と不等式

（例）

$$450x = 2700$$

$$450x \leqq 2700$$

ちなみに、先ほどの式のように=で結ばれる式は
等式、逆に不等号で結ばれる式は不等式と

check point ▶ 分配法則

（例）

$$2(4x + 1) = 8x + 2$$

（×2, ×2）

$$a(b + c) = ab + ac$$

（×a, ×a）

かっこについてる数字は
かっこ内の全部の項にかかるんだね。

公平にかけてこそ
カッコつくってもんです。
ドヤッ
キラ

「文字と式」の練習問題にチャレンジ！
正解したらチェック欄にチェックを入れよう！

⇒解答・解説はP.227をチェック！

チェック欄

□□ ①　$9a^2b \div \frac{3}{4}ab \times b$ を計算しなさい。〈秋田県〉

□□ ②　$3ab-ab$ を計算しなさい。〈群馬県〉

□□ ③　$xy^2 \times (-2x)^2 \div (2x^3y)$ 〈大分県〉

□□ ④　同じ値段のりんごを7個買うには、持っているお金では120円足りませんが、6個買うと40円余ります。
りんご1個の値段を求めるために、りんご1個の値段をx円として、方程式を作りなさい。
ただし、作った方程式を解く必要はありません。〈北海道〉

方程式

未知数も条件通り式が立てられれば大体特定できるって話。この辺から数学っぽくなってくるよ。

赤羽業（あかばねカルマ）

例題

ヌルフフフ、皆さん、では午前中の授業はこれくらいにしてお昼休みにしましょう。
先生は運動不足なので、ちょっと昼休みに地球一周してきますね。ニューヨークにも寄り道してきちゃいます！ それではまた!!

ええ〜〜〜〜!!!
ジョギング感覚で地球一周しないでよ！
だいたい午後の授業には間に合うの!?

じゃあ殺（ころ）せんせーがいつごろ帰ってくるのか、計算しながら待ってみようか。
式さえ立てれば楽勝だよ。
まずいくつか**仮定**を置こうか。

仮定

殺せんせーの速度：**マッハ20＝25000（km/時）**
地球一周の長さ：**40000km**
ニューヨークの滞在時間：**15分＝$\frac{1}{4}$時間**

ただし、殺せんせーは一瞬でマッハ20まで加速して、一定の速さで飛び続けるとする。

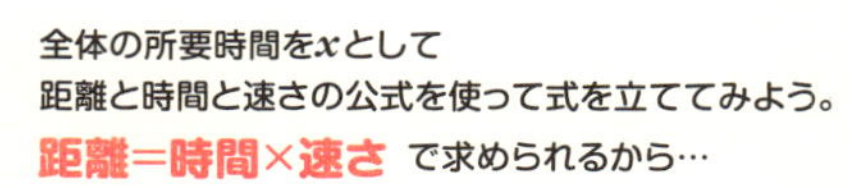

全体の所要時間をxとして
距離と時間と速さの公式を使って式を立ててみよう。
距離＝時間×速さ で求められるから…

距離：40000km
速さ：マッハ20＝25000km/時
時間：$x-\frac{1}{4}$時間
（全部でx時間かかったとすると、飛行時間は$(x-\frac{1}{4})$時間）
$(x-\frac{1}{4})$時間×25000km/時＝40000km

こんな感じの式になるね。
こういう風な式を立てて式の値を求めることを**方程式を解く**というんだ。
このタイプの方程式は**一元一次方程式**（いちげんいちじほうていしき）というよ。

check point ▶ 一元一次方程式

一元　未知数（xやy）が1つだけ。

一次　次数（x^2やx^3）の最大のものが1

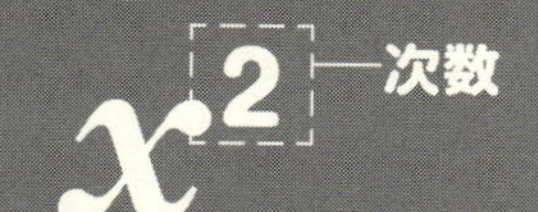

【解き方】

① かっこを計算する。

$$(x-\frac{1}{4})\times 25000 = 40000$$
$$25000x - 6250 = 40000$$

② $ax = b$ の形に変形する。

$$25000x = 40000 + 6250$$
$$25000x = 46250$$

③ $x = \frac{b}{a}$ を計算する。

$$x = \frac{46250}{25000}$$
$$x = 1.85$$

（答）1.85時間

1.85時間は…約1時間51分。
って結局1時間半以上かかってるじゃん!!
午後の授業どうするつもりなんだよ！

結局、方程式を解くってのは
「x」の値を求めることなんだろ。

「方程式」の練習問題にチャレンジ！
正解したらチェック欄にチェックを入れよう！

⇒解答・解説はP.228をチェック！

チェック欄

□□ ① 1次方程式 $2x+5=-4x+17$ を解きなさい。〈熊本県〉

□□ ② 等式 $\frac{1}{3}a+5=b$ をaについて解きなさい。〈高知県〉

□□ ③ xについての1次方程式 $ax-3(a-2)x=8-4x$ の解が-2のとき、aの値を求めなさい。〈大分県〉

チェック欄

□□ ④　5つの整数 $2,10,8,x,7$ の平均値が6であるとき、xの値を求めなさい。〈栃木県〉

□□ ⑤　比例式 $2:5=x-2:x+7$ をみたすxの値を求めなさい。〈千葉県〉

□□ ⑥　次のア～エのうち、二元一次方程式 $ax+by=c$（a,b,cはいずれも0ではない定数）について述べた文として正しいものはどれですか。一つ選び、記号を書きなさい。〈大阪府〉

ア　x,yの変域が自然数全体であるとき、この方程式の解は、必ず一つである。

イ　x,yの変域が数全体であるとき、この方程式の解は、yの値がつねに同じ値である。

ウ　x,yの変域が数全体であるとき、x,yの値の組（0,0）は、この方程式の解である。

エ　x,yの変域が数全体であるとき、この方程式の解である（x,y）の値の組を座標とする点全体は、直線になる。

★⑥の問題は「比例と反比例」「1次関数」の単元も参考にして解きましょう。

比例と反比例

**2つの数値の関係から様々な情報が得られる。
さらにグラフを理解すれば、戦略にも幅が広がるぞ。**

烏間先生

例題

待ち伏せは暗殺の基本だ。
標的が見えなくてもその位置が
わかるようになれば、奴の暗殺に
ぐっと近づく。

あらカラスマ、そんなの
あのタコの移動速度次第じゃない。

それに関しては問題ない。
最近のあいつは一日中同じ速度で
歩いている。もっとも、
それがどのくらいの
速度になるかは日替わりだがな…。
ちなみに今日は秒速2メートルだ。

意外とオソッ！

殺せんせーの歩いた距離と時間の関係を表にまとめました。

歩いた距離（m）	0	2	4	6
時間（秒）	0	1	2	3

上出来だ。
ここから何が
いえるかわかるか？

当たり前だけど、
時間を2倍したら
歩いた距離がわかるな。

その通りだ。つまり、時間さえ計っておけば
奴が動いた距離は手に取るようにわかる。

check point ▶ 関数・比例

関数　数字が1つわかるとそれに関係する**もう1つの数字がわかる**もののこと。

比例　わかった数字に**一定の数**（**比例定数**と呼ぶ）をかけると**もう1つの数字がわかる**関係。

距離が時間に比例しているので、
距離をy、時間をxにすれば、$y=ax$　（aは比例定数）

ここでは**比例定数**は**2**だから$y=2x$。この表だと時間は0秒から3秒まで変わるから、xの変域は$0 \leqq x \leqq 3$と書けるな。ちなみに、こうして値が変わる文字を**変数**と言って、変わる範囲を**変域**というんだ。

変態!?

変顔?

次はこの関係を**グラフ**にしてみるぞ。グラフというのは、**2つの目盛りと点を使って数字の情報を表したもの**だ。視覚化すると情報はより見やすくなる。

check point ▶ グラフ

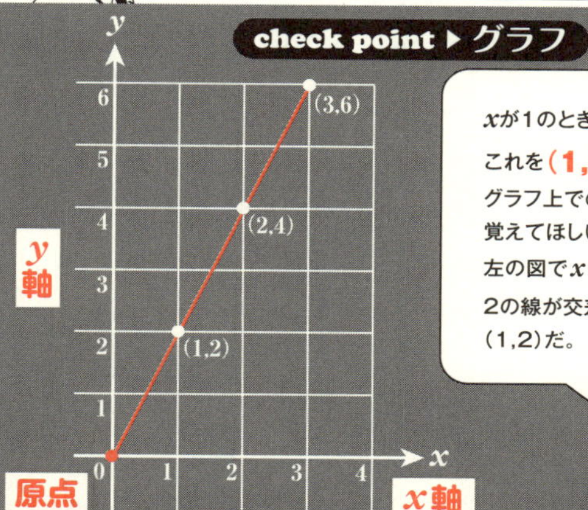

xが1のときはyが2になる。
これを（**1,2**）と書くのがグラフ上でのルールだから覚えてほしい。
左の図でx（横軸）が1でy（縦軸）が2の線が交差する点が（1,2）だ。

なるほど…。時間(x)が2秒たったときに
殺せんせーが歩いた距離(y)は4mだから、
(2,4)にも点が打てるな。

よくわかってるじゃない。その調子で点を沢山打っていくと
1本の直線になるの。これがあのタコの今日の移動パターンね。

でもこれって歩く速さが
わかってる場合だろ?
次の日になったらまた
速さを求めないとな。

校舎の玄関の長さがだいたい6mだから、
これを使って**その日の殺せんせーの歩く速さがわかる表**を作ってみようか。
(距離)=(速さ)×(時間)だから、
こんな感じかな。

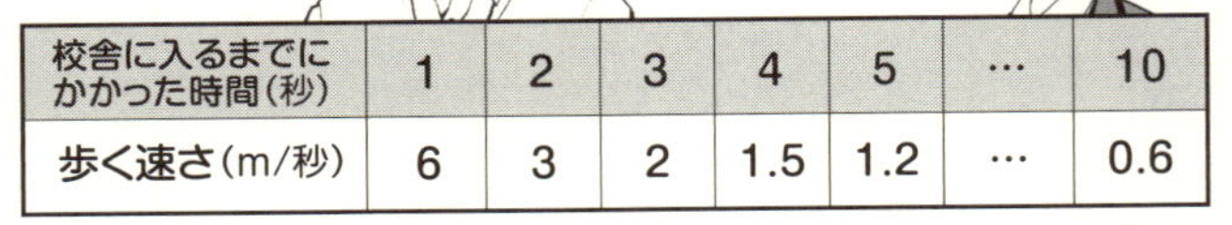

校舎に入るまでにかかった時間(秒)	1	2	3	4	5	…	10
歩く速さ(m/秒)	6	3	2	1.5	1.2	…	0.6

さっきと全然違う
表になったぞ!?

どの列も**表の上と下をかけたら6になる**な。

check point ▶ 反比例

反比例 ある2つの変数をかけあわせた答えが**いつも同じになる**関係。

今度はさっき出てきた比例とは違う形だ。
歩く速さをy、かかった時間をxと書くと、

$$y=\frac{6}{x}$$ になる。

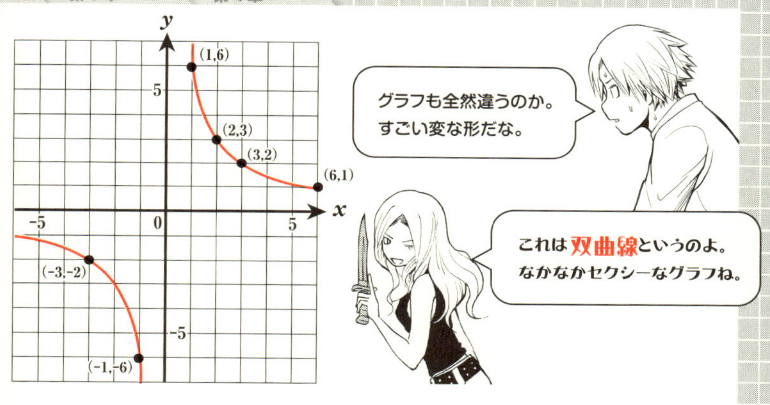

「比例と反比例」の練習問題にチャレンジ！
正解したらチェック欄にチェックを入れよう！
⇒解答・解説はP.229をチェック！

チェック欄

□□　①　yはxに比例し、$x=2$のとき、$y=8$である。
このとき、yをxの式で表せ。〈長崎県〉

□□　②　yはxに反比例し、$x=-6$のとき、$y=2$である。
このとき、比例定数を求めなさい。〈富山県〉

チェック欄

□□ ③　面積が60cm² の長方形がある。
2つの辺の長さをx, yとして、yをxの式で表しなさい。

□□ ④　$y=\dfrac{8}{x}$ のグラフ上の点で、x座標、y座標の値がともに整数となる点は何個あるか、求めなさい。〈青森県〉

□□ ⑤　下の図は、yがxに反比例する関数のグラフである。
yをxの式で表しなさい。〈栃木県〉

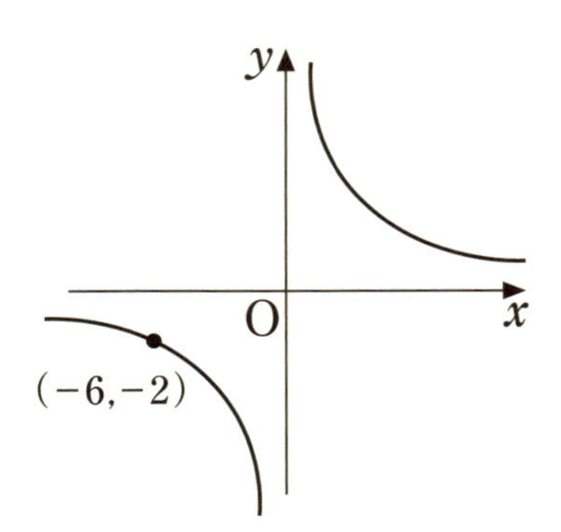

チェック欄

□□　⑥　次のア～エについて、yがxに比例するものと、yがxに反比例するものをそれぞれ1つずつ選び、その記号を書きなさい。〈岩手県〉

ア	1辺の長さが$x$cmの正方形の面積は$y$cm^{2}である。
イ	高速道路を時速90kmで走っている自動車は、x時間で$y$km進む。
ウ	200ページの本をxページまで読んだとき、残りのページ数はyページである。
エ	20L入る容器に毎分xLずつ水を入れるとき、空の状態から一杯になるまでにy分かかる。

殺すう学者が贈る 殺る気が出る名語録

弾丸の動きなら計算できるが、生徒たちの殺る気は計算できない

（コロトン）

［原文］
天体の動きなら計算できるが、群集の狂気は計算できない
（ニュートン／1642年～1727年）

平面図形

平面図形は実にきまりごとの多い単元です。サクッと殺ってしまうためにも、まずルールを覚えましょう。

殺(ころ)せんせー

例題

数学の用語って難しくて覚えにくいな〜。少年漫画みたいな熱いドラマで覚えられたらいいのに…。

少年漫画の主人公ではありませんが
古代ギリシアの数学者達も、数学とアツいバトルを
繰り広げて来たんですよ。
例えば不破(ふわ)さん、以下の問題を証明できますか?

【平行線公準】

図のように、1つの線分が2つの異なる直線に交わり、
線分に対して同じ側の角の和が2直角より小さければ、
2つの直線を延長するといつか2直角より小さい角のある側で必ず交わる。

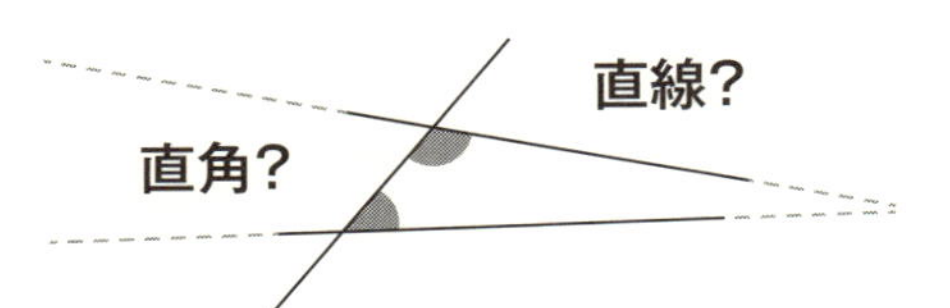

線分!?　直線!? ギリシア人も
こんなのとバトってたの!?

実はこれらの用語は中学数学の範囲内なんですよ。
では、この問題を理解できるように
平面図形の用語をおさらいしてみましょう。

区切りがあるかどうかで
名前が変わるのね。限り
あるのが「恋」、限りないのが
「愛」みたいなものかしら。

check point ▶ 直線と線分と半直線

直線 限りなく伸びている線。直線AB。

A B

線分 両端が決められている線。線分AB。

A B

半直線 片方の端が決められており、そこから
限りなく伸びている線を表す。半直線AB。

A B

check point ▶ 角

【角のあらわし方】

・半直線の交わる点で表す。
∠B

A B C

・2つの線分で表す。
∠ABC または ∠CBA

・90度の角（直角）は
右の図のように表す。

check point ▶ 平行と垂直

直線ℓに対して、平行な直線mを
ℓの平行線といい、**m//ℓ**と書く。

ℓ ────────
m ────────

直線ℓに対して、直角に交わる直線mを
ℓの垂線といい、**m⊥ℓ**と書く。

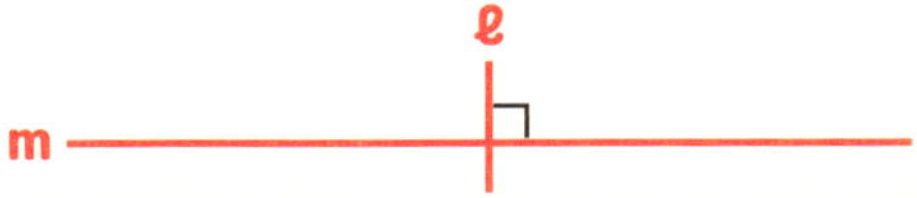

(図：直線mと、それに直角に交わる直線ℓ)

時空を越えてギリシア人と敵を同じくしたってわけね！

これは燃えるわ〜!!

どこかの少年探偵みたいですね。ちなみに古代ギリシアの人たちは平行線公準を証明できなかったんです。ですが、のちにこのルールなしで成り立つ数学があることがわかったんです。そのおかげで、地球の表面のような曲がった平面での数学が進んだんですよ。数学者の戦いは無駄ではなかったんです。

あ～ 数学をモンスターにして少年少女たちがそれぞれの武器で熱く戦う漫画とかあったらいいのに
ステマが激しいよ不破さん…

check point ▶ 図形の移動

図形の移動には3種類ある。

1 平行移動

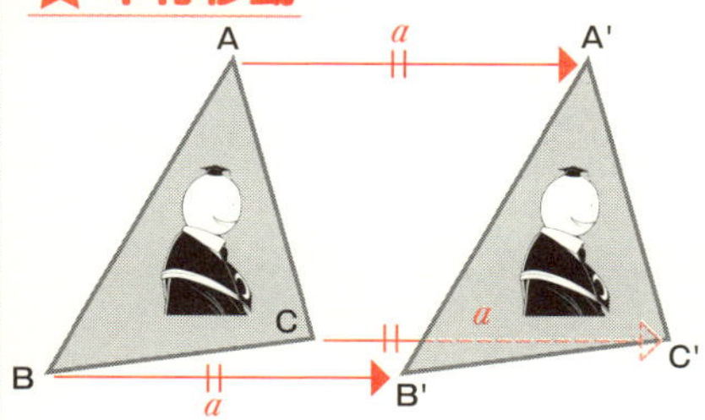

図形の線分・点を
1つの方向に
一定の距離移動する。

2 対称移動

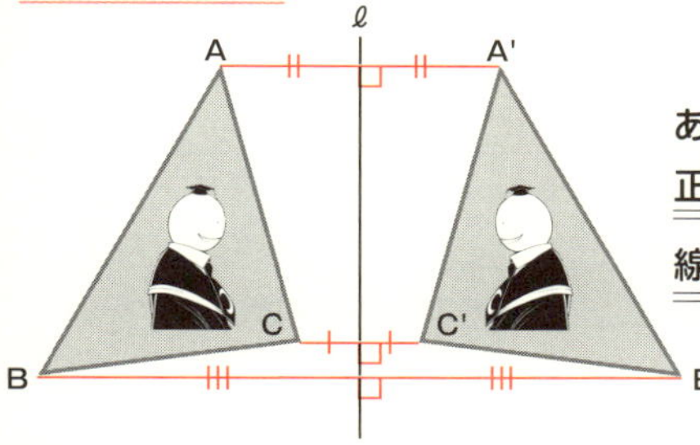

ある直線に関して
正反対の位置に図形の
線分・点を移動する。

3 回転移動

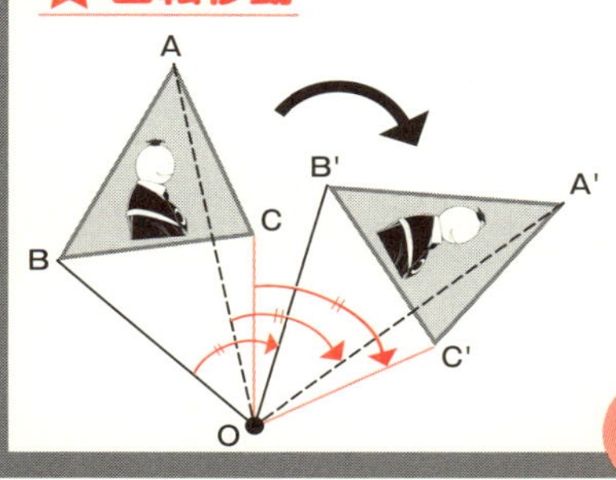

ある点を中心に
図形の線分・点を
1つの方向に一定の
角度回転させる。

! 移動によって辺の長さや角の大きさは**不変** !

平行な線分の組は →― や →→― で、
等しい長さの辺は ―+― や ―++― で、
等しい大きさの角は ∠ や ∠ のように
同じ形の記号を書いて表します。

check point ▶ 円とおうぎ形

円 ある点から等距離の点をつなげた図形。

半径 円周上の点と中心の距離。

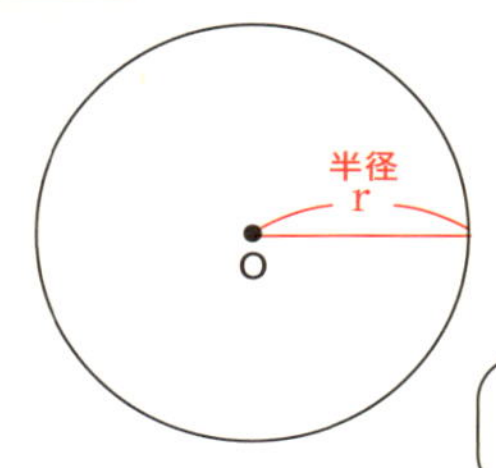

円周率をπとおいて

円周の長さ$=2\pi r$

円の面積$=\pi r^2$

わかるか?
に**パイ**あーるね。に**パイ**あーる…。

弧(こ) 円周上の2点によって切り取られる円周。

弧ABは$\overset{\frown}{AB}$と書く。このとき、線分ABを**弦(げん)AB**という。

おうぎ形 円の2本の半径と弧に囲まれる図形。

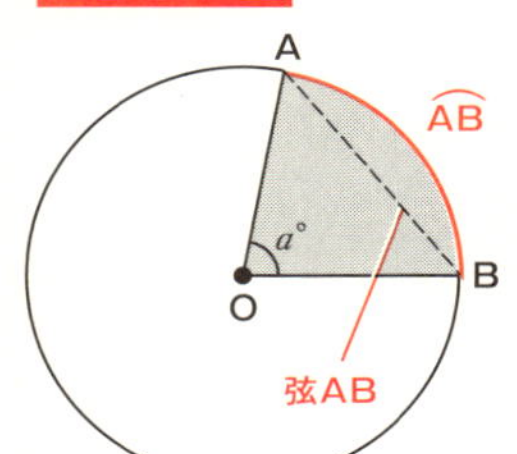

おうぎ形は円の一部であるので、

弧の長さ$=2\pi r\times\frac{a°}{360°}$

おうぎ形の面積$=\pi r^2\times\frac{a°}{360°}$

360ぶんの**パイ**あーるじじょうaね。
360ぶんの**パイ**あーるじじょうa。

check point ▶ 線分や角の等分

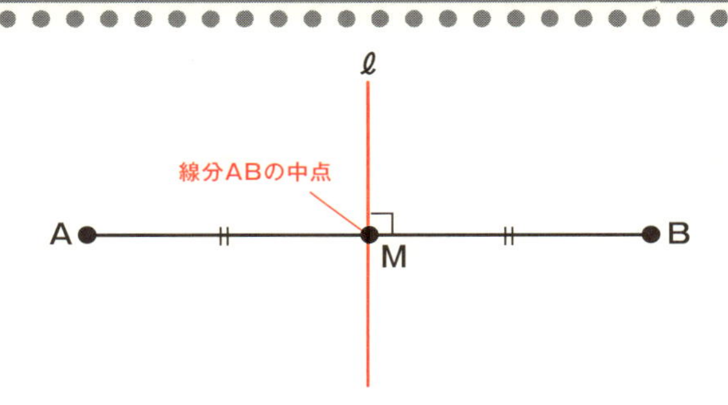

中点（ちゅうてん） 線分ABにおいて、点Mのように点Aと点Bから等距離の点。

垂直二等分線 直線ℓのように中点を通って線分ABに垂直な直線。

僕の髪型の二等分線で覚えてくれよ。

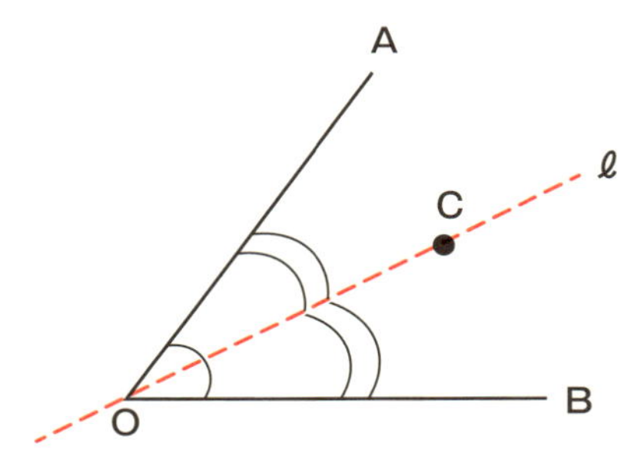

角の二等分線 ∠AOBを∠AOCと∠COBの2つの等しい角にわける直線ℓのような直線。

check point ▶ 接線と円

接線 円と1点だけで重なる直線。

接点 このとき重なる点。

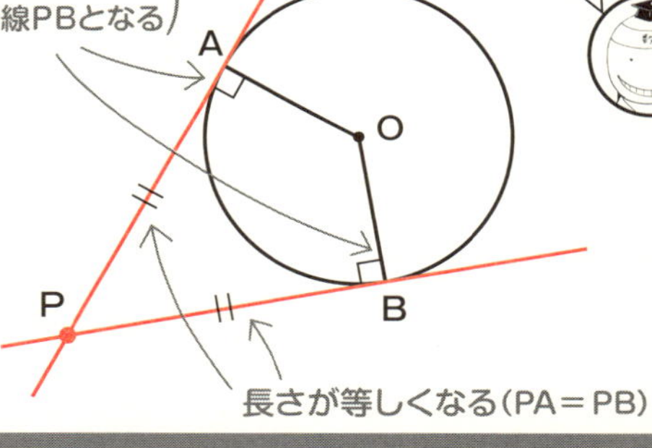
垂直になる
（半径OA⊥接線PA、
半径OB⊥接線PBとなる）
A
O
P
B
長さが等しくなる（PA＝PB）
にゅやーッ!!
円と接線の
問題は試験に
よく出るので注意です。

作図の問題も出しますよ。
コンパスを忘れると授業中手持ち無沙汰すぎて
悲しくなってくるので注意が必要です。

【殺せんせーの弱点】
一人みんなと違うことしてると
無性に悲しくなる

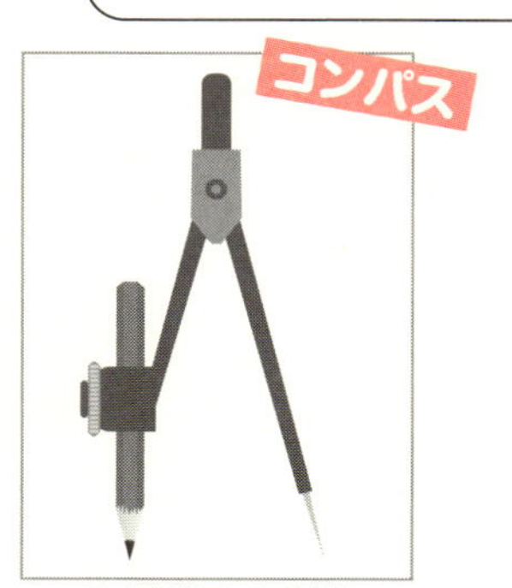
コンパス

長さをうつす・円を
描くために用いる。

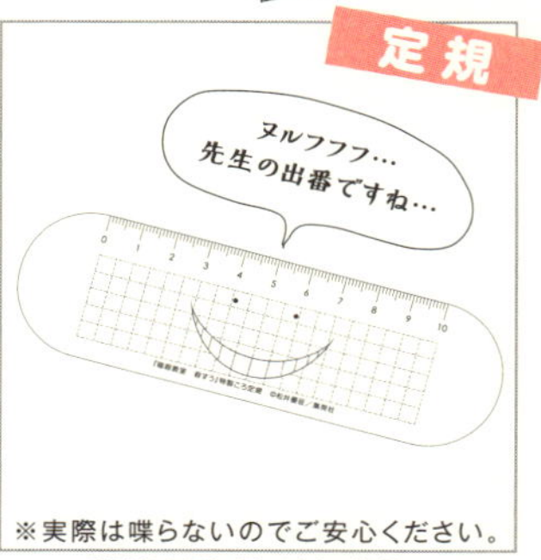
定規
ヌルフフフ…
先生の出番ですね…

※実際は喋らないのでご安心ください。

直線を引くために使う。

作図のパターン

❶ 垂線

点Pから直線ℓに垂線を下ろすにはℓ上の適当な2点A,Bから点Pを通る円を描き、その交点を定規で結ぶ。

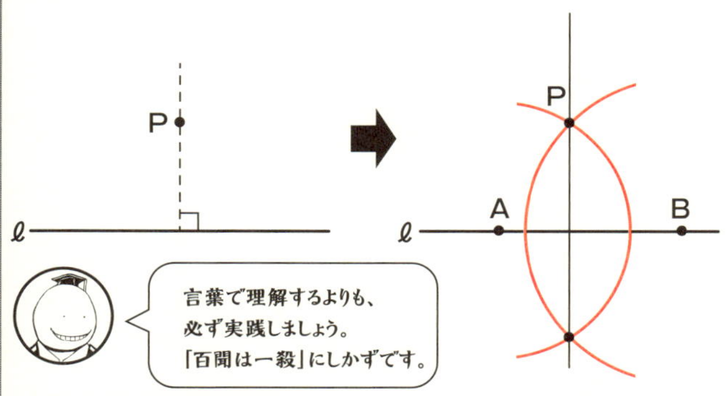

P
ℓ
P
A
B
ℓ
言葉で理解するよりも、
必ず実践しましょう。
「百聞は一殺」にしかずです。

❷ 角の二等分線

角Oを二等分するには、点Oから半直線ℓ,mに交わる円を描き、その交点A,Bから同じ半径の円を描き(コンパスの開きを変更しない)交点Cを見つける。
定規でOCを結ぶ。

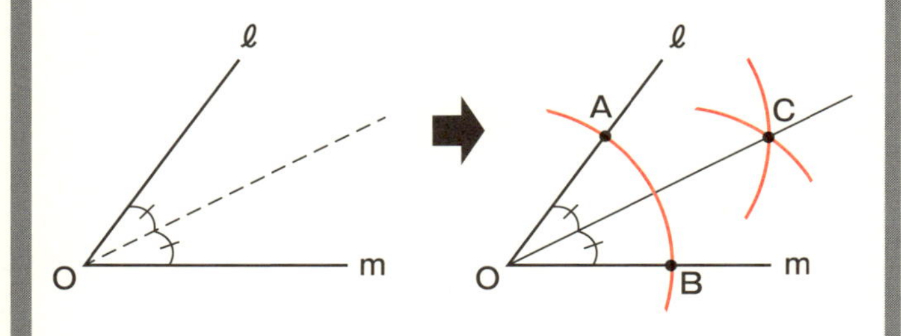

③ 線分の垂直二等分線

垂線と同様に点A,Bから円を描くが、半径を等しくする（コンパスの開きを変更しない）。

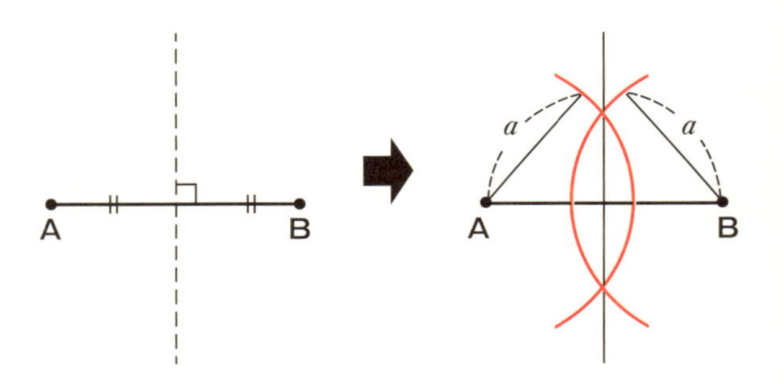

④ 円の接線

直線OAを引く。Aから適当な開きで円を描き直線OAとの交点をB,Cとする。接線はAを通ってOAに垂直なので、B,Cの垂直二等分線を引けば円の接線になる。

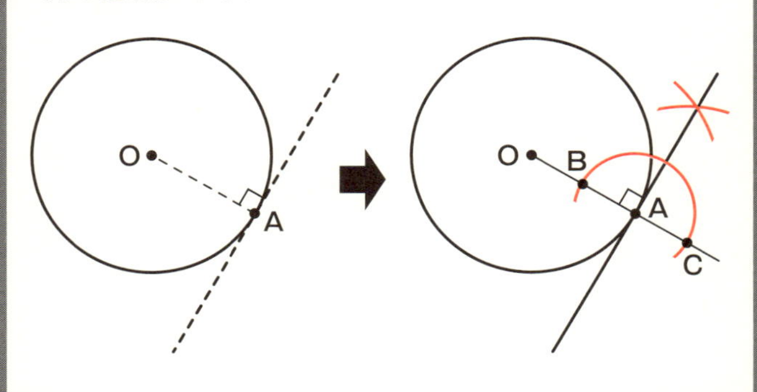

「平面図形」の練習問題にチャレンジ!
正解したらチェック欄にチェックを入れよう!
⇒解答・解説はP.230をチェック!

ルールを覚えていれば
楽勝ですね。

チェック欄

□□ ①　下の図のように、紙でできた円Oがあり、図1のように弦PQで折り返して重ねあわせた。このとき、折り返してできる弧PQを図2に作図にしなさい。〈滋賀県〉

図1

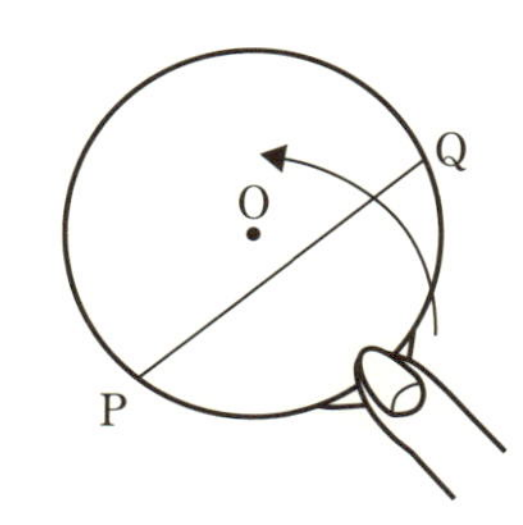

図2

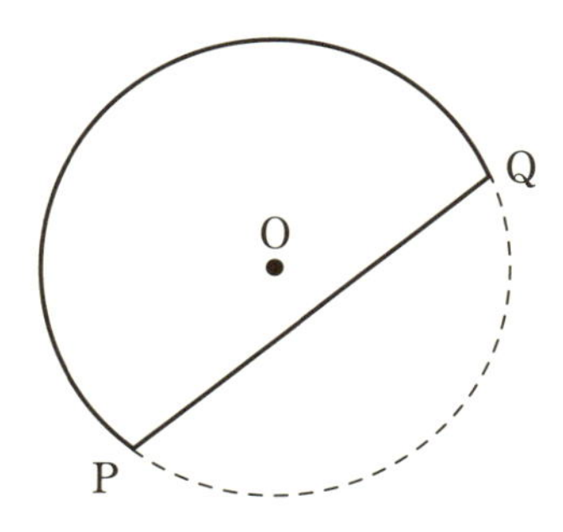

チェック欄

□□　②　下の図のような、線分ABと線分BCがあります。
次の条件1、条件2をともに満たす点Pを作図によって求めなさい。作図に用いた線は消さずに残すこと。〈宮崎県〉

条件1：∠ABP＝∠CBP
条件2：BP＝CP

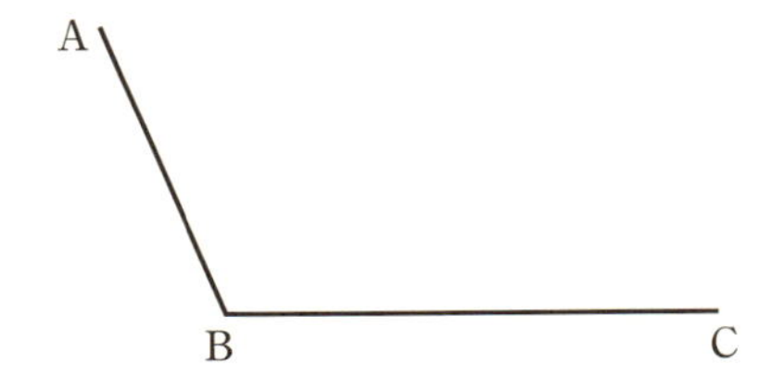

□□　③　円Oがあり、その周上に2点A,Bがある。これを用いて、次の条件1、条件2をともに満たす点Pを作図によって求めなさい。作図に用いた線は消さずに残すこと。〈石川県〉

条件1：点Pは点Aを接点とする円Oの接線上にある。
条件2：OP＝BP

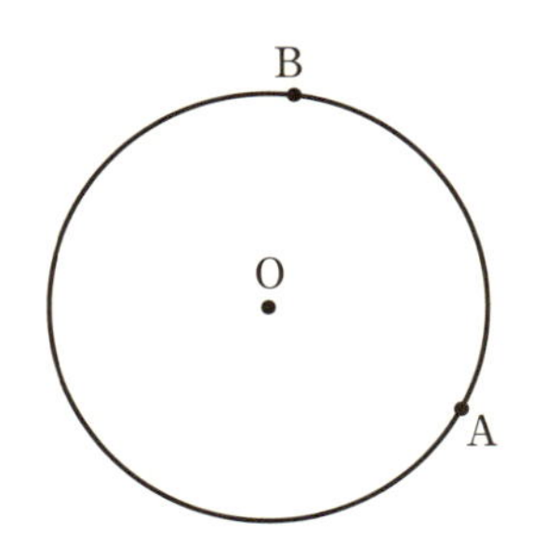

チェック欄

□□ ④　下の図のような半径9cm、中心角が60度のおうぎ形がある。このおうぎ形の弧の長さと面積を求めなさい。ただし、円周率はπとする。〈栃木県・改題〉

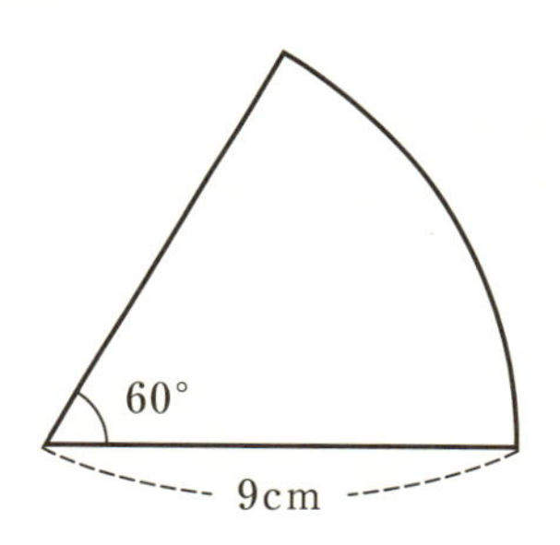

□□ ⑤　下の図のような直線ℓと2点A,Bがある。A,Bを通る円のうち、中心がℓ上にある円の中心Oを作図によって求めなさい。ただし、作図には定規とコンパスを用い、作図に用いた線は消さないこと。〈栃木県〉

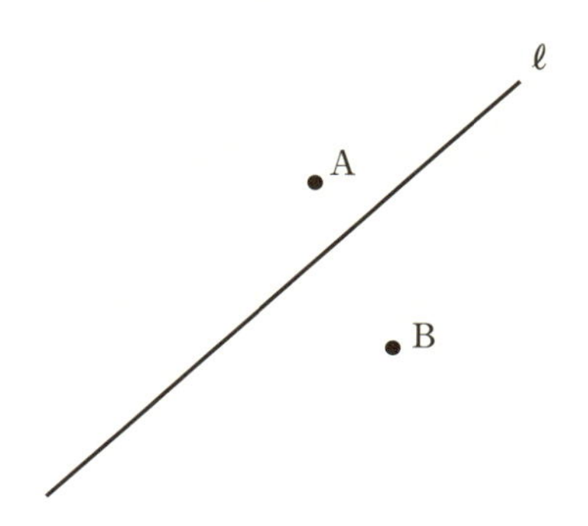

いつか先生の顔を作図せよ、
なんて問題が出るかもしれませんね。ヌルフフフ。

空間図形

やれやれ3次元は専門外なんだが…。
展開図でDを1つ減らすのがキモになるね。

竹林孝太郎（たけばやしこうたろう）

例題　対先生爆弾設計図

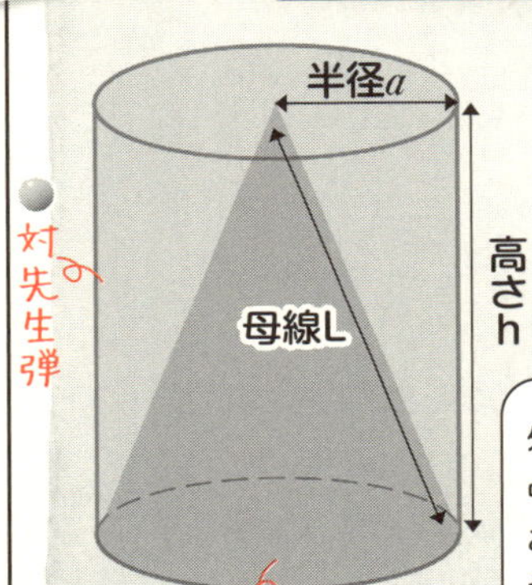

【製作に必要なもの】
①火薬 ②対先生弾

【作り方】
・円錐の火薬を内側に詰める。
・対先生弾を
　円錐の外側に詰める。

外は「円柱（えんちゅう）」、中は「円錐（えんすい）」の形だ。このとき製作に必要なそれぞれの表面積と体積を求めたい。

check point ▶ 柱と錐

柱　底面と平行の位置にある同じ（合同）図形に対してまっすぐ面が伸びている立体図形。

錐　多角形や円を底（底面）にして、そこから一点に向かって面が伸びる立体図形。

まずは表面積から。早速、**展開図**を書いて3Dを2Dにしてみよう。

check point ▶ 展開図・立体の表面積

展開図　立体を切り開いて平面に伸ばしたもの。

立体の表面積は展開図から求めることができる。

柱の表面積＝底面積×2＋側面積

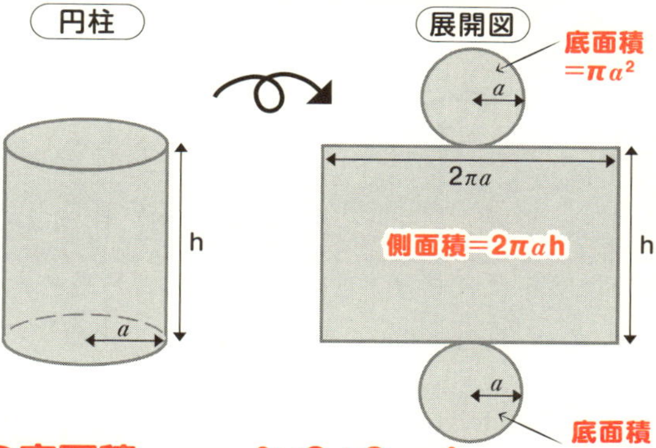

円柱　展開図

円柱の表面積 ＝ $\pi a^2 \times 2$（底面積）＋ $2\pi a$h（側面積）

錐の表面積＝底面積＋側面積

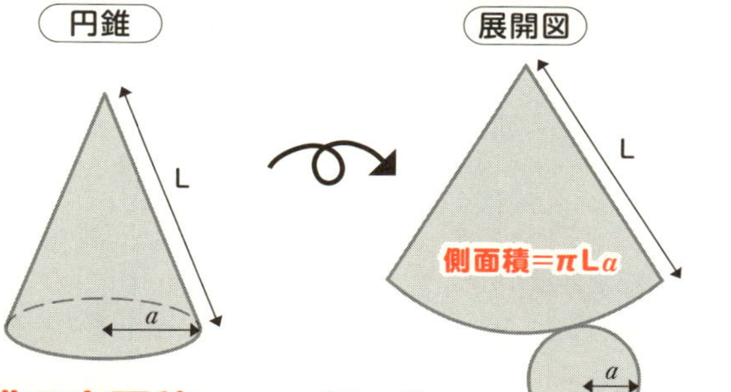

円錐　展開図

円錐の表面積 ＝ πa^2（底面積）＋ πLa（側面積）

次は火薬と対先生弾を
詰める空間の体積を求めよう。

半径a、高さhの円錐だから

底面積Sはπa^2

火薬の体積は$\frac{1}{3}\pi a^2 h$

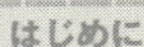

$\frac{1}{3}$**パイ**aじじょう**エッチ**ね。
どーよこれ?

check point ▶ 立体の体積

円柱

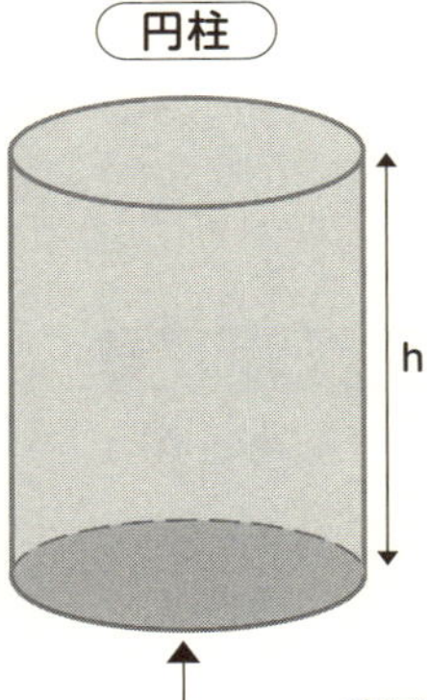

円錐

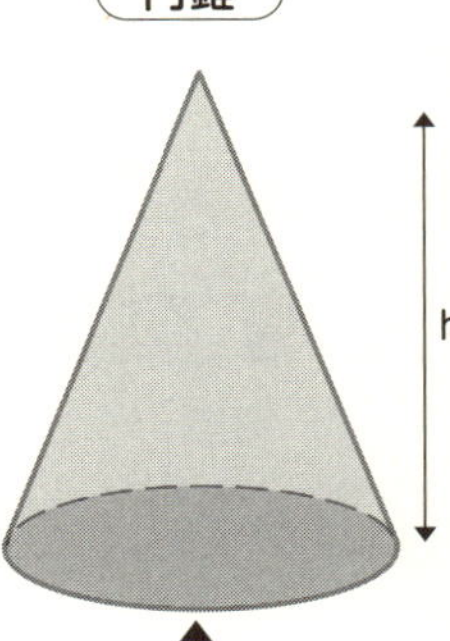

底面（底面積S）

柱 ＝ Sh

錐 ＝ $\frac{1}{3}$Sh

次は対先生弾の準備です。円柱から円錐の体積をひいて、

$\pi a^2 h - \frac{1}{3}\pi a^2 h = \frac{2}{3}\pi a^2 h$ を対先生弾で

詰めればいいんですね。

対先生弾は球体だから、半径をrとすると……。

check point ▶ 球

3Dも**パイ**。

球

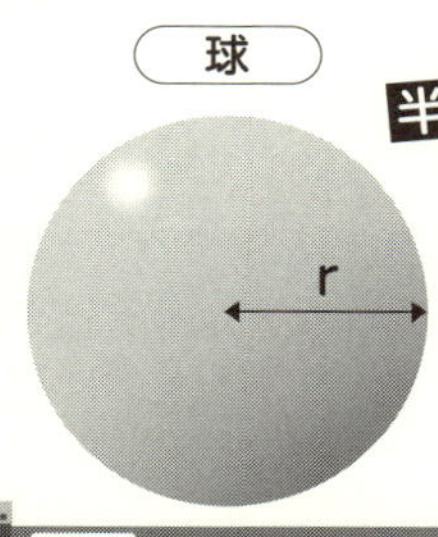

半径rの球の体積・表面積の求め方

$$体積 = \frac{4}{3}\pi r^3$$

$$表面積 = 4\pi r^2$$

詰める空間の体積を対先生弾の体積でわれば、

$\frac{2}{3}\pi a^2 h \div \left(\frac{4}{3}\pi r^3\right) = \frac{a^2 h}{2r^3}$ 個だ!

空間に球を詰めるとすき間ができるから、
必要な個数はこれより少なくなるね。

底面が多角形の柱を**角柱**、錐を**角錐**といいます。
円柱や円錐と同様に底面積と高さから体積が、
底面積と側面積から表面積が求められます。

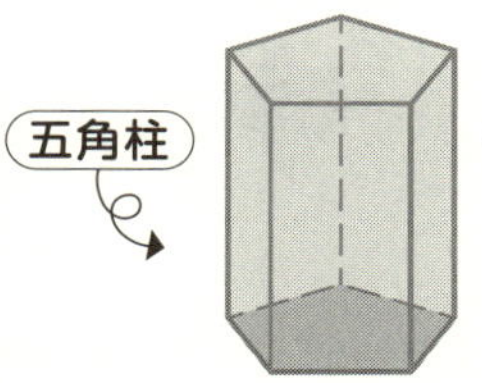

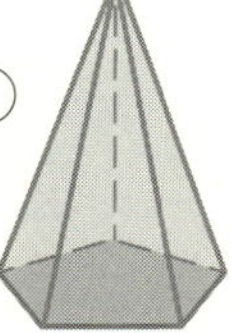

check point ▶ 正多面体

正多面体 正多角形（すべての辺の長さが等しい）に囲まれた立体。**5種類しか存在しない。**

	正四面体	正六面体	正八面体	正十二面体	正二十面体
正多角形	正三角形	正方形	正三角形	正五角形	正三角形
面の数	4	6	8	12	20
図					

check point ▶ 回転体

回転体 平面図形をある軸の周りに1回転させてできる図形。

軸
円柱
軸
円錐
平面から立体…。
Dを1つ増やそう
というのか…。

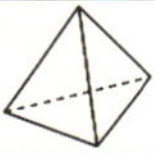

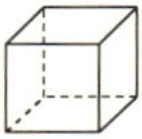

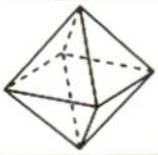

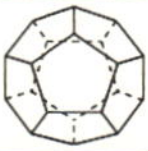

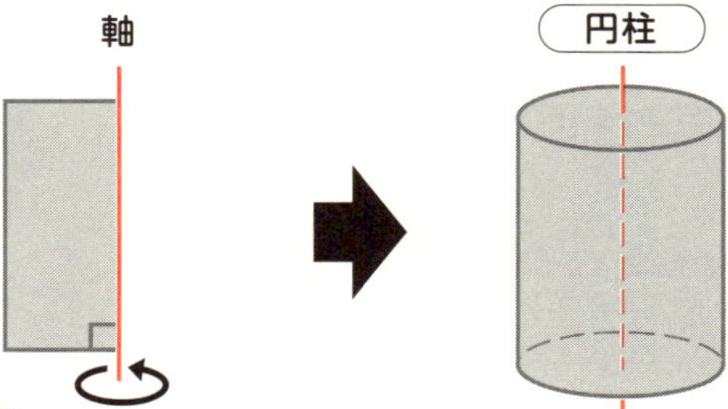

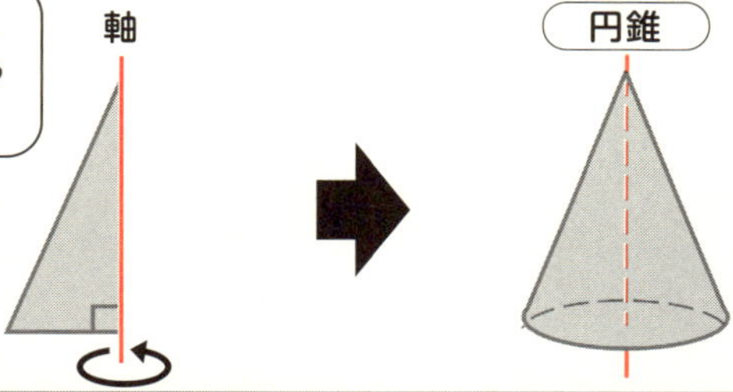

check point ▶ 投影図

投影図 物体に光を当て、影を平面上に表した図。投影図から物体の形を考えることができる。

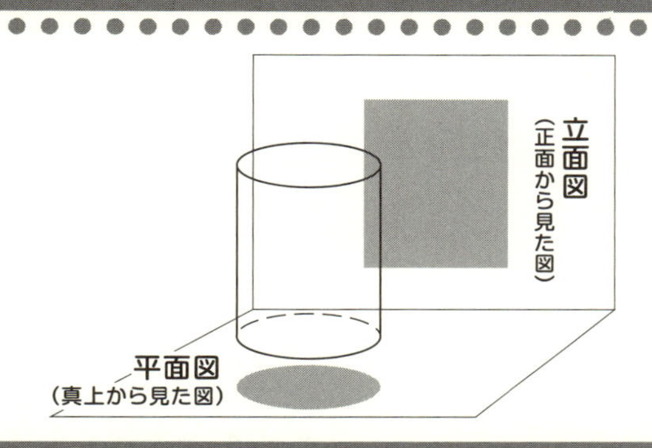

check point ▶ 平行・交わる・ねじれの位置

空間の中での線の関係には3種類ある。

1. **平行** …2本の線が同じ距離を保ち続ける関係。
2. **交わる** … 2つの直線が共有点を持つ場合。
3. **ねじれの位置**… 1でも2でもない（同じ平面に2本の線を置けない）場合。

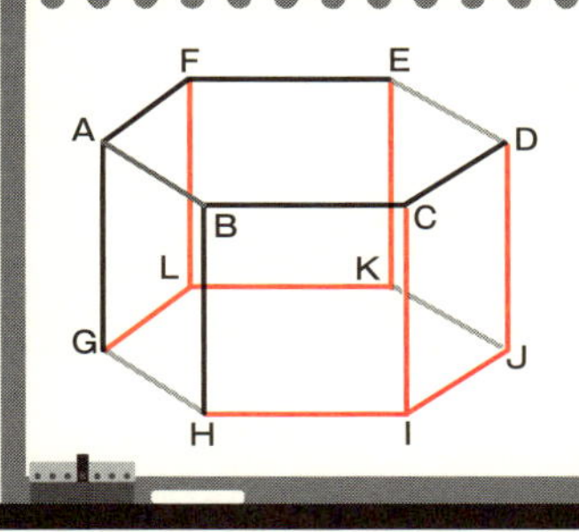

直線ABに対して、
平行…ED,KJ,GH（——）
交わる…AF,BC,CD,FE,
AG,BH(——)
ねじれ…HI,IJ,KL,LG,
CI,DJ,EK,FL(——)

check point ▶ 空間の中での平面どうしの関係

❶ 平面どうしが交わるとき。

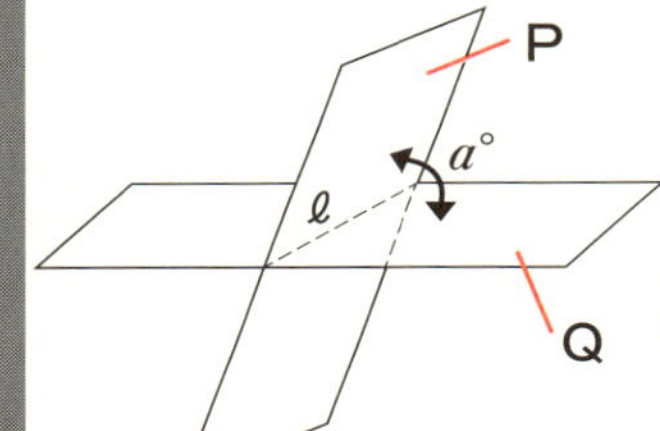

平面PとQは直線ℓで（角度$a°$で）交わるという。

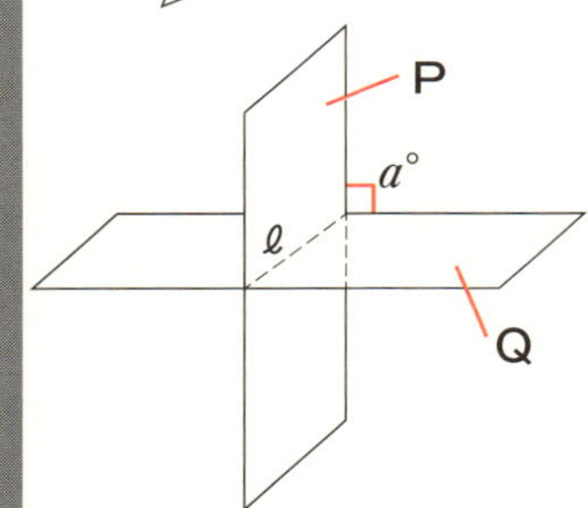

$a°=90°$のとき
平面PとQは垂直という。
P⊥Q と書く。

❷ 平面どうしが交わらないとき。

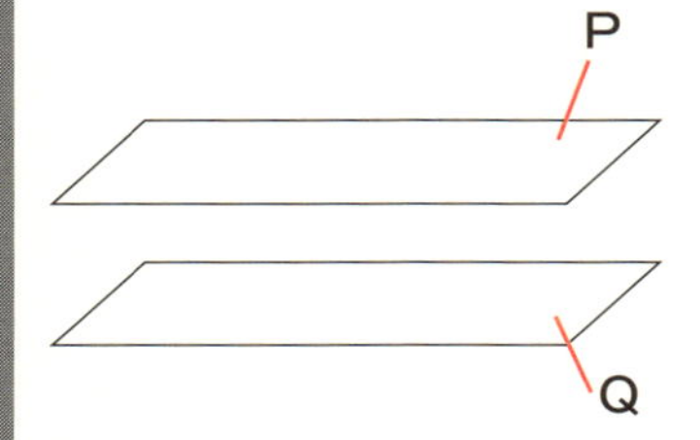

平面PとQは
平行であるという。
P // Q と書く。

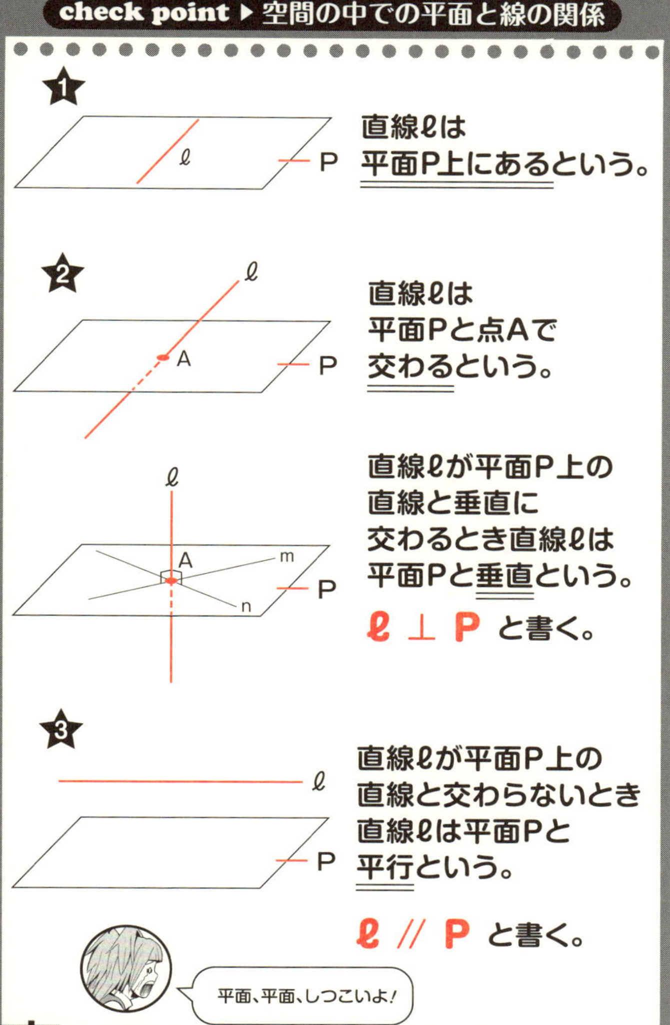
check point ▶ 空間の中での平面と線の関係
1
ℓ
P
直線ℓは
平面P上にあるという。
2
ℓ
A
P
直線ℓは
平面Pと点Aで
交わるという。
ℓ
A
m
n
P
直線ℓが平面P上の
直線と垂直に
交わるとき直線ℓは
平面Pと垂直という。
ℓ ⊥ P と書く。
3
ℓ
P
直線ℓが平面P上の
直線と交わらないとき
直線ℓは平面Pと
平行という。
ℓ // P と書く。
平面、平面、しつこいよ!

「空間図形」の練習問題にチャレンジ！
正解したらチェック欄にチェックを入れよう！

⇒解答・解説はP.231をチェック！

チェック欄

□□ ①　下の図は円柱の投影図である。
この円柱の表面積と体積を求めよ。〈長崎県・改題〉

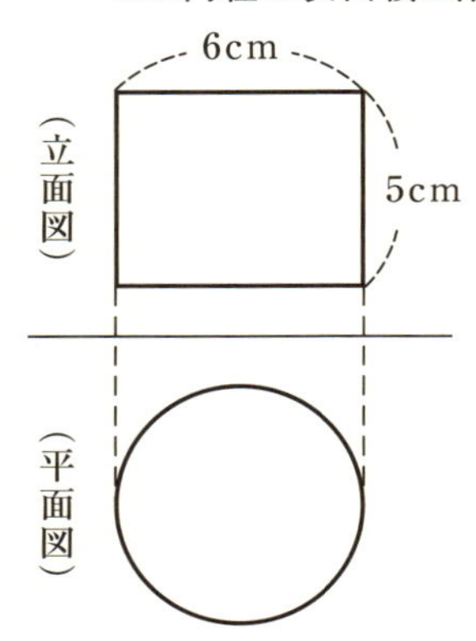

□□ ②　下の図は、円すいの投影図である。
この円すいの表面積と体積を求めなさい。〈富山県・改題〉

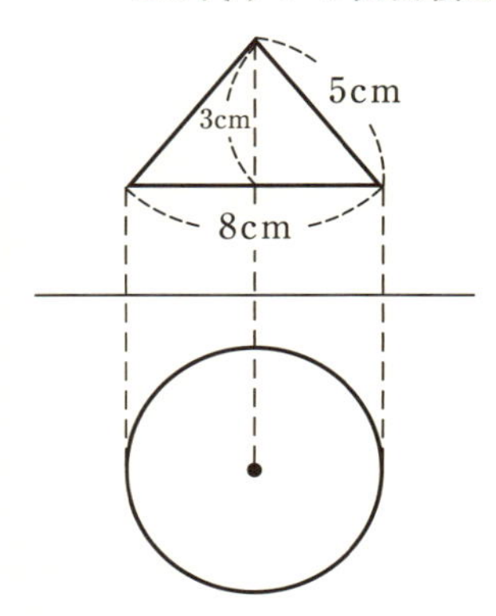

チェック欄

□□　③　下の図は、直方体の展開図である。
この展開図をもとにして直方体をつくるとき辺ABと平行になる面を記号ですべて答えよ。〈福井県〉

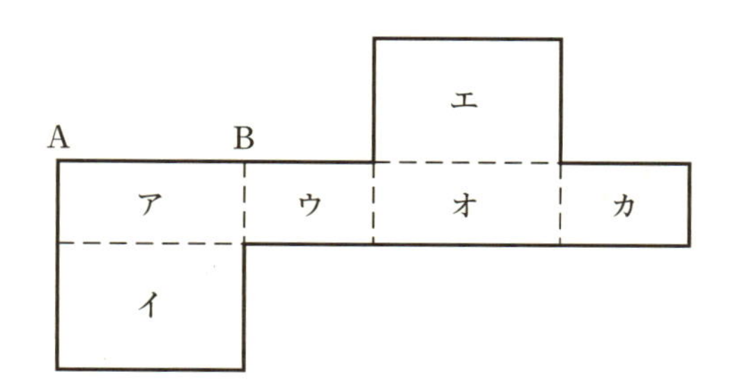

□□　④　下の図のように、立方体に球がぴったり入っている。
立方体のひとつの辺の長さが4cmのとき、この球の体積と表面積を求めなさい。〈北海道・改題〉

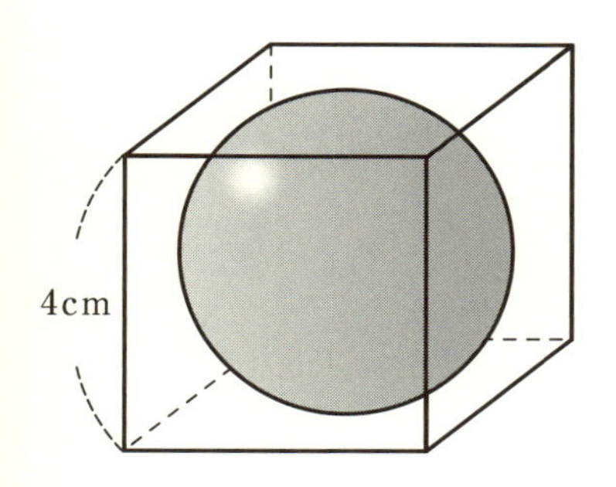

チェック欄

□□ ⑤　下の図形ABCDを辺ABを軸として回転させてできる立体の体積を求めなさい。〈福岡県〉

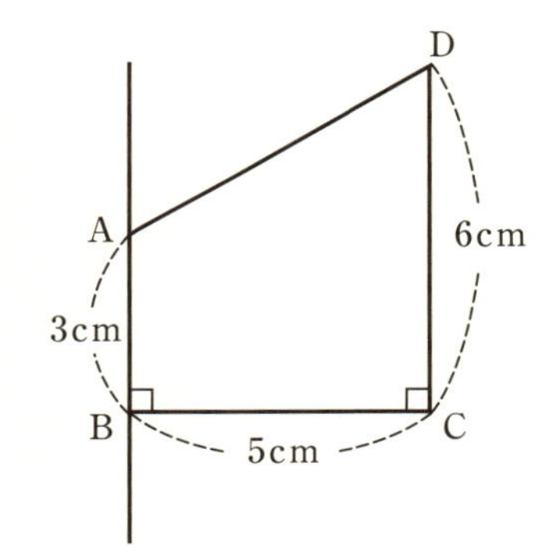

□□ ⑥　次の投影図で表された立体のうち、三角柱はどれか。ア～エから1つ選びなさい。〈徳島県〉

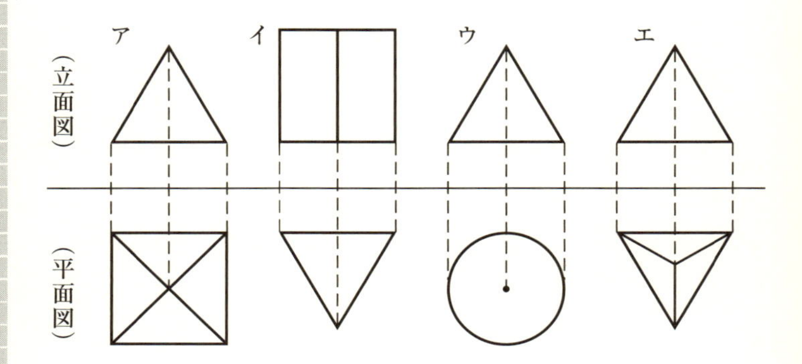

チェック欄

□□　⑦　下の図は、正三角すいの展開図である。
この展開図を組み立てて正三角すいを作るとき、
辺ABとねじれの位置にある辺はどれか答えなさい。〈新潟県〉

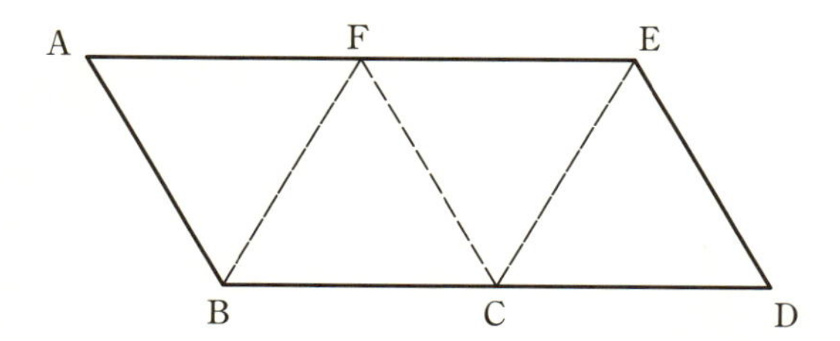

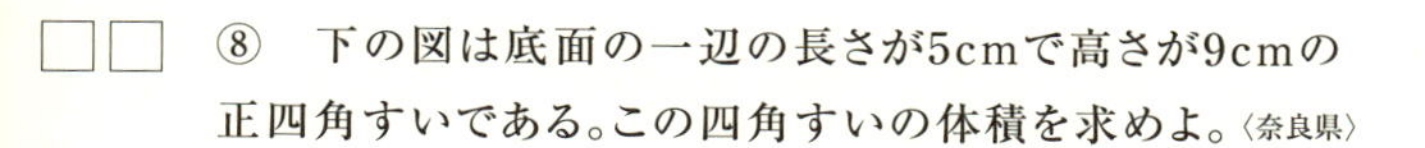

□□　⑧　下の図は底面の一辺の長さが5cmで高さが9cmの
正四角すいである。この四角すいの体積を求めよ。〈奈良県〉

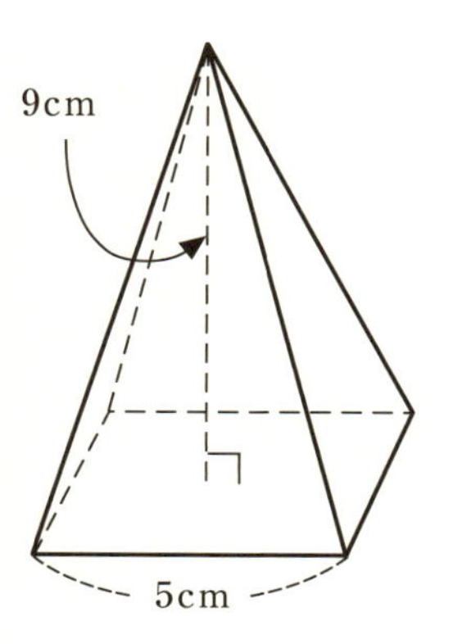

資料のちらばりと代表値

資料の読み取りはあらゆる場面の必須スキルだ。目算でとあるデータを抽出した。訓練に使ってくれよな。

岡島大河（おかじまたいが）

例題

岡島隊員から
とあるデータを入手した。
プロジェクト開始といこうか。

岡野ひなた	78
奥田愛美	79
片岡メグ	83
茅野カエデ	0
神崎有希子	80
倉橋陽菜乃	83
潮田渚	68
中村莉桜	86
狭間綺羅々	79
速水凛香	86
原寿美鈴	83
不破優月	82
矢田桃花	88

0ってドユコト!?

何この意味深な数字!?
っていうかなんで
僕も入ってるの!?

まずデータから
平均値、中央値、最頻値を
求めるのが
ファーストミッションだ。

1	茅野カエデ	0
2	潮田渚	68
3	岡野ひなた	78
4	狭間綺羅々	79
5	奥田愛美	79
6	神崎有希子	80
7	不破優月	82
8	倉橋陽菜乃	83
9	片岡メグ	83
10	原寿美鈴	83
11	中村莉桜	86
12	速水凛香	86
13	矢田桃花	88

ちょっと面倒だが、
全部の数字をたした式が①、
これを全部の個数でわった式が②だ。
つまり**75が平均値**になる。

①78＋79＋83＋…88＝975

②975÷13＝75

中央値は**まず並べ替える**ところから
始めよう。小さい方から並べてみると
左の表みたいになるね。
13人いるから真ん中は7番目、
中央値は**82**だ。
ちなみに、(最大値)－(最小値)のことを
範囲と言う。
この例だと範囲は88－0＝**88**だね。

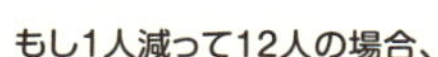

もし1人減って12人の場合、
真ん中は6番目と7番目の2人になる。
そのときは**その2つの数字を足して2で割った数字**
が**中央値**だ。さぁ、次の指令をくれ。

僕がいると全体が奇数の人数になって
計算が楽になるのか……。

表の雰囲気からすると、平均値が75なのは
代表してる感じがしない。ひと目見て
中央値の82だと代表している感じがするな。

その通り。
中央値の特徴として、**他と大きく違う異常値がデータに含まれていても影響を受けにくい**ということが言える。
今回は「永遠の0」が入ったことで
平均値と中央値で感覚のズレが出てしまった。

最後は**最頻値**。
これは**一番多く出てきた値を見つければいい**簡単なミッションだ。
一番出てくるのは**83**。これが最頻値となる。

check point ▶ 3つの代表値

代表値 データの特徴を1つの数値で代表させたもの。

① **平均値** … 全部をたして個数でわった値。

② **中央値**（メジアン） … 大きい順に並べて真ん中に来る値。

③ **最頻値**（モード） … 一番多く現れる値。

隊員たち、分析ご苦労。
お次は度数だ。
引き続きプロジェクトの無事な続行を願う。

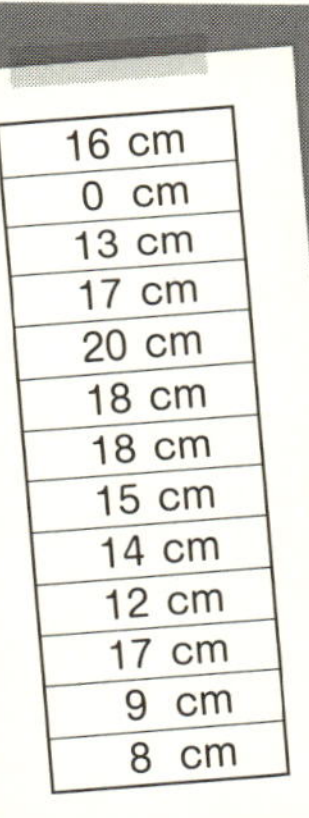

次はもう1つ別のデータだ。
他の見方で整理してみる。
ここで使うのは
度数分布表という表だ。
まずは言葉を覚えるとこからだ。

【データを整理するための分け方】

階級　データを整理するための分け方。

階級の幅　階級の大きさ。

度数　それぞれの階級に当てはまるデータの数。

以上　未満 (cm)	度数 (人)
0〜5	1
5〜10	2
10〜15	3
15〜20	6
20〜25	1
合計	13

度数分布表

ヒストグラム

(人)
6
5
4
3
2
1
−5　0　5　10　15　20　25　(cm)

度数折れ線

これをグラフにしたものを
ヒストグラムという。
階級ごとに区切って
棒グラフにするだけだ。
ちなみに、この棒グラフの
てっぺんの真ん中を
結んだ折れ線は、
度数折れ線という。

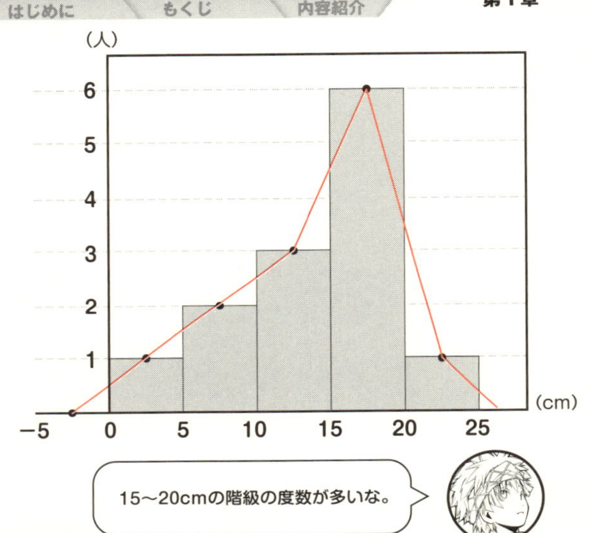

15〜20cmの階級の度数が多いな。

ごめいさつ。
度数の割合を**相対度数**といい、その階級だと

$\frac{6}{13} = 0.4615\cdots$

だから**約0.46**となる。
このように途中を四捨五入した
だいたいの値を**近似値**といい
実際の値とのズレを**誤差**、四捨五入した
けたより前の0.46の部分を**有効数字**という。
データ報告は以上だ。

よっしゃ!!
これがアンダーとトップの差か!
ということは10cmの差が約Aカップだと…

「資料のちらばりと代表値」の練習問題にチャレンジ!
正解したらチェック欄にチェックを入れよう!
⇒解答・解説はP.232をチェック!

チェック欄

□□ ① 表は、あるクラスの数学の授業で実施した小テストの得点をまとめたものである。この表から得点の平均値、中央値(メジアン)、最頻値(モード)を求めなさい。〈岩手県・改〉

得点	度数
0	2
1	6
2	13
3	14
4	3
5	2
合計	40

チェック欄
□□　②　下の表は、ある中学校3年生40人について、身長を測定しその結果を度数分布表に表したものである。以下の問いに答えなさい。〈和歌山県・改〉

階級(cm)	度数(人)	相対度数
以上　未満 145.0～150.0	2	ウ
150.0～155.0	4	0.10
155.0～160.0	ア	エ
160.0～165.0	イ	0.30
165.0～170.0	8	0.20
170.0～175.0	4	0.10
計	40	1.00

(1)　表中のア～エにあてはまる数を入れ、表を完成させなさい。

(2)　身長が160.0cm以上の生徒は何人いるか，求めなさい。

(3)　度数分布表をもとにヒストグラムと度数折れ線を書きなさい。

殺すう学者が贈る 殺る気が出る名語録

勉強がしっかりできる環境にある人よりも、殺る気がある人のほうが、事を成就する

（コロキメデス）

［原文］
何かができる環境にある人よりも、やる気がある人のほうが、事を成就する
（アルキメデス／紀元前287年?～紀元前212年）

　日曜日の渋谷駅前は、人の洪水と言ってよかった。
「休みのスクランブル交差点は、いっつもすげーなー」
「ねえ、なんで前原がいるの」
　中村のツッコミに前原陽斗がにっこりと笑う。
「そりゃお前、神崎さんや倉橋さんが来てるんだ、変なのにナンパされたりしたら大変だろ？」
　渋谷行きの言い出しっぺになった倉橋は、なんだかんだと他の女子にも声をかけてきていた。おかげで、E組の女子の半数近くがこの場にいる。
「前原君に守ってもらわなくても、大丈夫だと思うけど」
　横目で前原を見ながらそう言ったのは、片岡メグ。彼女も倉橋に誘われたクチだが、誰に言われるまでもなく、自然と引率者の役目を引き受けていた。
「ごめんな、だからやめとけって言ったんだけどさ」
　前原に引っ張ってこられた磯貝悠馬が、両手を合わせて小さく頭を下げた。
「磯貝君はいいのよ」
「なんだよ、その扱いの差は」
　前原はふくれっ面をしたが、視線はすでに通りを行き交う、見知らぬ少女たちの上をさまよっていた。
「前原君、もしかして君、わかってやってない？」

109
beetle mania.

「やだなあ、片岡、こういうところにいる子は、おしゃれを見てもらいに来てるんだぜ？　無視しちゃそれこそ失礼じゃないか」
　片岡は処置なしというようにこめかみを押さえた。
「えっと、で、その現場ってどこなの、千葉ちゃん？」
　倉橋に振られて、千葉は手にしたメモに目を落とした。
「この先の坂を上ったところらしい」
「ここにいてもいいことなさそうだし、さっさと行きましょ？」
「えーっ、せっかくだから買い物とかしてこうぜ！　どっかでお茶とかさあ」
　前原の声をガン無視して、片岡と速水がさっさと歩き出す。そのすぐ後に千葉が続き、中村、倉橋、神崎がついていく。
「ほら、行くぞ、前原」
「ちぇ」
　磯貝に促されて、前原もふてくされたように歩き出した……はずだった。
　しばらく進んでも、ついてくる気配がないことに気づいて磯貝が振り返る。
「え」
　磯貝が見たのは、まさに“ギャル”といった格好の女の子と肩を組んでいる前原の姿だった。
「……なにやってんの」
「おー、すまん磯貝、俺ちょっとこの子とお茶してくからさ」
「ほっときなさいよ！」

前からは片岡の声。磯貝は何度も振り返りながら、結局仲間についていくことにした。

人ごみで歩くのも大変だった交差点から何百メートルか坂を上っていくと、突然あたりから人通りがぱったりと途絶えていた。

「いきなり人気(ひとけ)がなくなっちゃったね」

立ち止まった片岡があたりを見回す。

その理由はすぐにわかった。例の暗殺された親分の事務所があったからだ。暗殺の現場は、その事務所のあるビルの真ん前だった。

事件からは三ヵ月以上が過ぎていたが、事務所の周囲には屈強そうな男たちが立って、いまもあたりを警戒しているのだった。

「あそこ、だよね?」

速水が大理石のビルを指差す。千葉は、スマホの記事と見比べてうなずいた。

「たぶん」

「こりゃ、まいったな～」

倉橋があまり困った感じのしない口調で言うと、中村も苦笑まじりにうなずく。

「いまさら見張り立てたって遅いと思うけどねえ」

「やめなよ、聞こえるよ」

不安げにささやくのは神崎だった。

「もう現場になにか残っていることもないだろう……それよりは、狙撃の目撃者とか、どこかに伝説のスナイパーが残した痕跡はないかとか、そういうのを探しに来たんだし」
　千葉の言葉に全員がうなずく。そこで片岡が提案した。
「そうだね。じゃあとにかく、みんなで手分けして情報収集かな」
　それからE組一行は、何人かに分かれて近くの店や住民に話を聞いて回った。
　集合場所に決めたコンビニに全員が顔をそろえたのは、それからしばらくしてのことだった。
「残念だけど、目立った収穫はなかったな。裏通りなんかに、結構散歩してるおじいちゃんとかいたんだけど、ニュースで見るまでなにが起きたかもわからなかったって」
　とは片岡。
「こっちもだ。いろんなところで話をしてみたけど、因縁つけられるの嫌だから、気にしないことにしてるんだってさ」
　そう言って、磯貝はすまなさそうに千葉を見た。
「簡単になにか見つかるなんて思ってなかったさ。さすがプロってところだな」
「悪いね」
　千葉は磯貝たちに手を振ってみせた。
「こっちこそ。付き合わせて悪かった、戻ってお茶でもして帰ろう」
「せっかく渋谷まできたんだもの、服も見てきたいよね～」
　倉橋が言うと、女子が全員同意する。
「しゃーない、付き合いますか」

　そう言って笑った磯貝の顔が、突然凍りついた。
「どうしたの？」
　尋ねる速水に向かって、磯貝が震える指先を持ち上げた。その方向を目で追った全員が、えっとなる。
　そこには、さっきの女の子と一緒に、事務所の方向へ近づいていく前原の姿があった。
「お、おい、どうしたんだよ」
「よー」
　前原が手を挙げる。
「あんた何やってんのよ！」
　詰め寄る片岡に、前原は平然と答えた。
「この子とお茶して、ちょっとゲーセンとか寄って、服とかアクセ見て、いま送ってくとこ」
「送ってくとこって……」
　磯貝は、前原がさした方向におそるおそる目をやった。前原が続ける。
「あそこのビルが家なんだってさ」
「最近、顔を覚えられちゃって、街で誰も遊んでくれなくなっちゃってー」
　前原が事情を飲み込んだのは、E組一行ともども黒服の集団に囲まれてからのことだった。もっとも、彼らに威圧するような雰囲気はなく、少女の友人に対する態度を保っていたのだが。
「ねー、もうちょっと遊んでいこうよー。ウチ、ゲーセン仕様の音ゲーとか格ゲーとかあるんだよ？」

全員が一瞬神崎を見る。神崎は穏やかな笑みを浮かべて、答えた。
「ごめんね。そろそろ帰らないと、着く頃には暗くなっちゃうから」
「そっか」
少女は名残惜しげに振り返りながら、手を振って黒服達とともにビルの中へ入って行った。
よほど大事にされているのだろう、表にいた見張りまでもが、彼女を迎え入れて事務所に入っていく。
「いやー、俺もここに来るまで知らなくってさー」
前原は、冷や汗でびっしょりとなった顔を引きつらせた。
「あのねえ!!　その女癖のせいで危ない事に巻き込まれるとこだったのよ!」
片岡が激しく詰め寄る。事務所ビルの壁面に追い詰められながら前原が苦笑する。
ま~ま~、と止めに入った倉橋が、ふと、前原の背後の壁になにかを見てとった。
「あれ~?　メグちゃん、これ何だろ」
言われた片岡も、その違和感にすぐ気づいた。前原を押しのけ、引き揚げかけていた千葉と速水を呼び止める。
「二人とも、ちょっとこれ見て」
片岡が指し示した先にあったのは、大理石の柱についた小さな傷だった。

翌日の昼休み、千葉は、速水のところに行ってプリントアウトした写真を差し出した。
「これ……昨日の柱の傷ね？」
　千葉はうなずいた。
「よく見ると、傷っていうより、丸くくぼんでるように思えないか？」
「確かに、ここだけへこんでいるようにも見えるね」
　速水が、眉間にしわを寄せるようにしてプリントに見入る。
「……これ、銃弾でできた傷じゃないか？」
「もしかして、これ」
「ああ。たぶんこれ、弾が跳ね返った跡だ」
　と、千葉。
　二人の話に気づいたらしい竹林がやってきて、興味深げにプリントを見下ろした。
「それなら、全部納得いくな。弾の来た方向をいくら探したって、狙撃手は見つからないわけだ」
　千葉がうなずく。
「丸い弾だと、跳弾の角度をコントロールしやすい。この手を使えば、確かに狙撃手が一見関係なさそうな場所にいても、標的を狙える」
　千葉は、ポケットから取り出した対先生用BB弾に目をやった。
「もし、これでおなじことができるなら――」
「狙撃だけで殺せんせーを暗殺できる？」
　速水が、身を乗り出すように言った。

担当：狭間綺羅々
「E組の魔女」が
不思議な数の世界へ誘う…

3年E組数学レポート

これから紹介するのは、どこにでもあるごく普通な「数字」。ただし、簡単な計算をすることで「奇跡」的な答えがでるものばかりよ。

数字「12345679」

必ずゾロ目が出現する魔法のかけ算を教えてあげる。この8けたの数字に9の倍数をかけてみなさい。おどろくべき結果がでるから。

12345679×9＝111111111
12345679×18＝222222222
12345679×27＝333333333
12345679×36＝444444444
12345679×45＝555555555
12345679×54＝666666666
12345679×63＝777777777
12345679×72＝888888888
12345679×81＝999999999

数字「3912657840」

次は1～9を1つずつ使用した数ね。実はこれ1～9の全ての数でわり切れるの。さらに「3912657840」内で寄り添ってる数でもわり切れる美しい数字なのよ。

3912657840÷2＝1956328920
3912657840÷5＝782531568
3912657840÷7＝558951120
3912657840÷39＝100324560
3912657840÷91＝42996240
3912657840÷57＝68643120

数字「142857」

1～6の数でかけ算すると答えが循環してしまう奇跡の数字よ。他にも、7でかけ算、もしくは2けたと3けたにわけて、たし算すると驚きの答えがでてくるわ。

142857×2＝285714
142857×3＝428571
142857×4＝571428
142857×5＝714285
142857×6＝857142
142857×7＝999999
14＋28＋57＝99
142＋857＝999

キミョウナスウジ…
アナタモ
サガシテミレバ……

第2章

中2数学

小説 鏡の時間 #3

学習範囲

- □ 式の計算
- □ 連立方程式
- □ 1次関数
- □ 図形の調べ方
- □ 合同な図形と証明
- □ 確率

暗殺技術の向上につながる中2数学

用語や公式の意味を理解することが重要ですよ!!

数学
ドリル

#3 鏡の時間

「そうだな……可能性はありそうだ」

千葉(ちば)は自分の机に戻ると、ノートと筆記用具、それに三角定規を取り出した。

正面に立ってノートを見下ろす速水(はやみ)に千葉は図を描きながら説明を始めた。

「弾を壁に当てると、飛び込んでいく角度と一緒の角度で飛び出していく。こんなふうに」

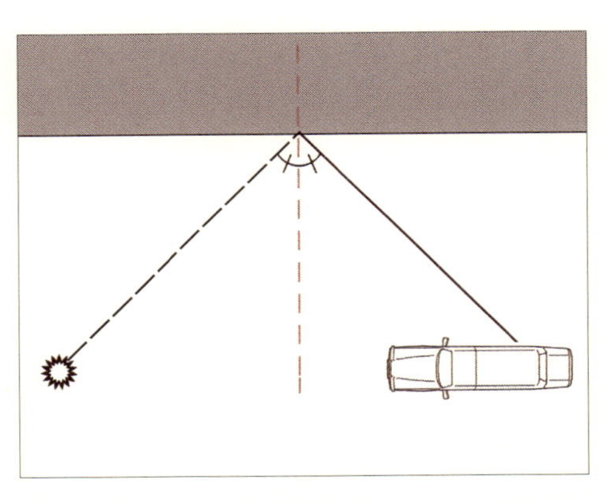

【図解】球体の弾丸が壁で跳ね返る場合の図。壁に当たる前の弾丸と壁の角度（入射角）と、飛び出していく際の弾丸と壁のなす角度（反射角）は同じ。

「殺(ころ)せんせーに気づかれないで狙うとなると、跳弾一回じゃ無理っぽいね」

　速水の言葉に、千葉はうなずきながらさらに線を書き足していく。

「そうだな。最低でも二回、できれば三回以上がいいだろうけど、あんまり跳弾させると誤差も大きくなるし、勢いも落ちるからな。何回までなら実用になるか、実験は必要かもしれない」

「で、それってどうやって狙いをつければいいの？　一回までならなんとなくわかるけど、二回以上になるとちょっと想像がつかないな」

　千葉はシャーペンを持ったまま、椅子に背中を預けて腕を組んだ。

「それが問題なんだ。たとえば、ここに書いた標的に二回跳弾させて命中させるためには、こんな図を満たすようなポイントを計算しなきゃならない」

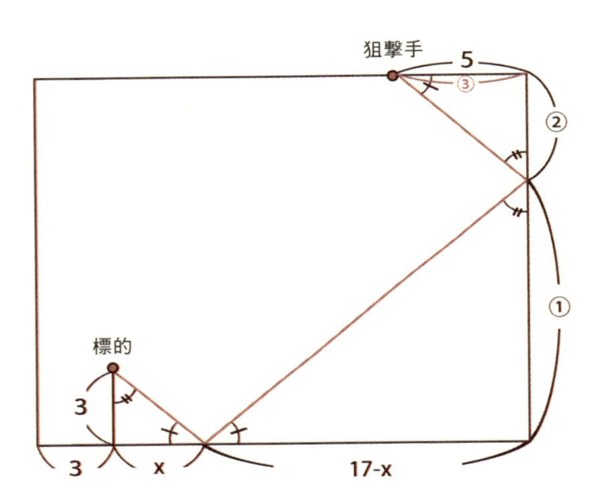

【図解】記事から推測した通り狙撃可能かどうか千葉が行った実験。この図のような図形問題を解くことで、目標に弾丸を命中させるために狙う壁のポイントを導くことができる。

言いながら、千葉は図の中にいくつも直角三角形を描き込んでいった。

速水はその図を見て、小さく顔をしかめた。

「なにこれ。毎回こんなの解かなきゃいけないの?」

「解く必要がある」

千葉はそう答えてから、おもむろに最初に弾を当てる位置を計算し始めた。それを横目に、速水は教室の一番後方、いつもは黒い金属の箱が立っている場所に顔を向けた。
「この手の問題、律がいてくれればすぐにわかるのに」
自律思考固定砲台——E組の生徒たちに律と呼ばれているAI(クラスメート)は、メンテナンスのために週明けからいったん撤去されている。ほんの二、三日とのことだったが、本体ごと持ち出してメンテナンスされるのは初めてだった。
「いたとしても、頼る気はなかったさ」
千葉は解いた問題を何度も確かめてから、カバンの中に入れてあったエアガンの拳銃を取り出し、立ち上がった。
「これは、狙撃手としてどこまでできるかを試すための暗殺だからな。自分で考えてやらなきゃダメな気がするんだ」
「へえ。まあ、わからないでもないけど」
「それでさ、速水、この図に書いてある通りの場所に、標的を置いてほしいんだ」
千葉は簡単に言ったが、実際に的を置くのは結構面倒だった。物置から持ってきた巻尺で正確に距離を計って位置決めをしてから、そこに机を置いて殺せんせーに見立てた黄色い風船を貼り付ける。

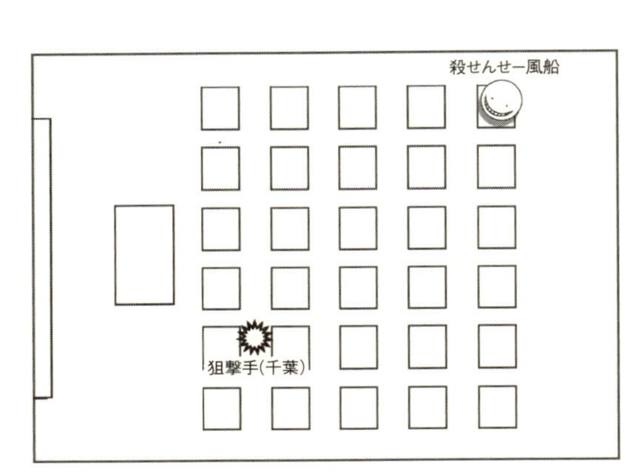

【図解】殺せんせー風船を跳弾でわるためには…。

千葉自身も、自分の立ち位置と、最初に弾を当てるポイントを決めるためにおなじことをしなければならなかった。

「悪い、ちょっとみんな窓際に移動してくれないか？」

全部の作業が終わったところで、千葉は教室の仲間たちに声をかけた。全員が興味津々といった顔で、言われた通り窓際に移動するのを確かめてから、黒板にチョークで書いたバツ印に向けて拳銃の引き金を絞る。

発射された弾は、黒板に当たって乾いた音とともに跳ね返り、さらに廊下側の壁で反射して、教室奥の標的に向かった。
　最初の一発は、1メートル以上外れた。二発目は30センチというところだった。三発目、四発目は最初ほどではなかったが大きく的を外し、五発目が命中した。
「やったじゃん！」
　パン、と音をたてて風船が割れると、見物していたクラスメートたちから喝采が上がった。だが、千葉の表情は浮かなかった。
「どうしたの？　銃座にライフル乗せて狙えば、もっと精度出せるだろうし、なんとかなりそうじゃない？」
　速水の言葉に、千葉は小さくかぶりを振った。
「いや、そうじゃない。このやり方でいけそうなことはわかったけど……問題は、やっぱりあれだな」
　そう言って、千葉は黒板の目印を指差した。
「いまのやり方じゃ、あのポイントを割り出すのに時間がかかりすぎる。実際は高低差もあるから、縦方向でも同じ計算をしなきゃならないし」

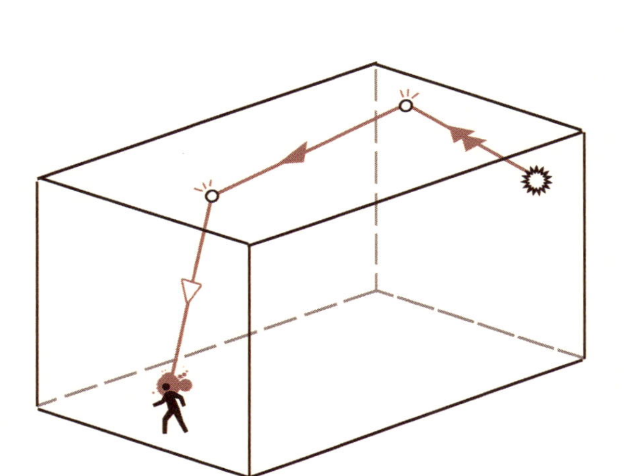

【図解】実際の狙撃では高低差も考慮に入れる必要がある。標的と射手の高さが異なる場合、跳弾狙撃はこのような軌道を描くことになる。

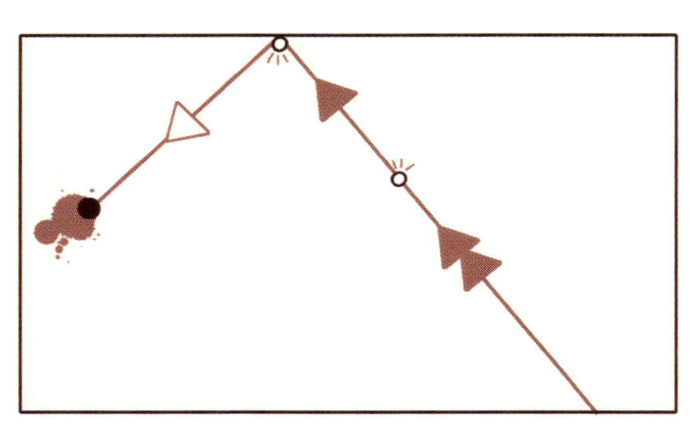

【平面図】室内を上から見下ろした図。

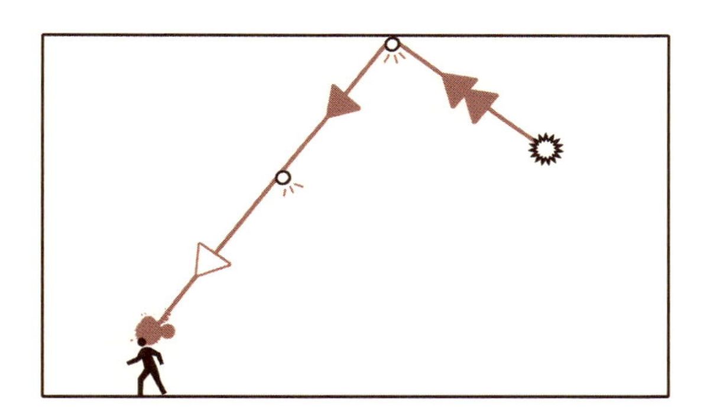

【立面図】横から見た図。複雑そうに思える立体的な軌道も、平面図と立面図に分解すれば、このように単純なものになる。

聞いていた竹林(たけばやし)がため息をついた。

「倍の手間か。ますます現実的じゃないな」

「先に計算しておいて、みんなで殺せんせーを誘導すれば？」

中村(なかむら)が言うと、千葉はかぶりを振った。

「それにはふたつ問題がある。ひとつは、標的を思い通りに誘導なんかできないってことだ。特にこれだけシビアな射撃になると、ほんのちょっとの位置のずれでもダメだからな」

　速水はうなずいた。

「この距離で千葉があれだけ外すってことは、簡単に微調整きかないってことだもんね。もうひとつは？」

「この暗殺だけは、誰の助けも借りずにやってみたい。さっきも言ったけど、意地みたいなもんだな」

「そうか」

　千葉は、机の上のノートに目を落とした。

「伝説のスナイパーは、実際に何人もの動く標的を仕留めてる。つまり、それができるくらい短い時間で狙いをつけてるってことだ。それって、なにか俺たちの気づいてない方法とか、計算のコツがあるんじゃないのかな」

　そこまで言ったところで、千葉は肩を叩かれて顔を上げた。岡島がニヤリとしながら立っている。

「お前たちの話聞いてて、俺、何かつかんだ気がするぜ！」

　怪訝そうに見返す千葉と速水の眼の前で、岡島はそう言いながら不敵な笑みとともにサムアップして見せた。

「さあさ、男子は出てって！」

その日の五時間目は、体育の授業だった。教室は女子に占拠され、着替えのために男子は廊下に追い出される。

「たまには男子を先にして欲しいよね。いっつもギリギリになっちゃうからなあ」

潮田渚(しおたなぎさ)が、丸めた体育着を抱えた格好で文句を言う。

「何言ってるんだ、渚。いいか、これは俺たちに宿命づけられた挑戦の時間なんだよ」

「岡島くん、いい加減懲(こ)りた方がいいと思うよ？」

渚が苦笑まじりで突っ込むのを無視して、岡島は妙に余裕の表情で、ポケットから小さな鏡を取り出した。さらに自撮り棒も。

「お前、こないだそれやって女子にボコられてたよな？」

寺坂竜馬(てらさかりょうま)が呆れ顔で見やる中、岡島は粘着テープを細かく裂いて、自撮り棒の先に鏡を固定し始めた。

「まあ見てろよ。こないだは、女子から見える位置にこいつをかざしちゃったのが間違いだったんだ。今回は完璧だぜ」

「穴だらけの計画にさらに穴増やしてるだけじゃねーのか……？」

とは木村正義(きむらジャスティス)。

「ふふ、まあ見てなよ」
　岡島はするりと自撮り棒を伸ばして、余裕の表情で解説を始めた。
「いいか、女子の着替え中、廊下側の窓は暗幕で覆われる。このため、そのままでは中の様子を見ることはできないが——」
「いやいや、見られないために暗幕かけてるんでしょうが」
　誰かが突っ込む声を無視して、岡島は続ける。
「一番上の窓には、暗幕のたるみのおかげでほんのわずかの隙間が空いている。この間は、ここに直接鏡を差し出して発見されたが、今日はその轍は踏まない」
「じゃあどうすんだよ」
　うんざり顔の寺坂に不敵な笑みを向けてから、岡島は手にした自撮り棒を頭上にかざした。
「さっき、千葉たちが試し撃ちしていた時、こっそり教室に鏡を仕掛けていたんだよ。跳弾の話でピンときたんだ。鏡一枚ならすぐにバレるが、さりげなく置かれた何枚もの鏡越しにのぞかれているとは、女子たちがいくら警戒していても気づくまい」

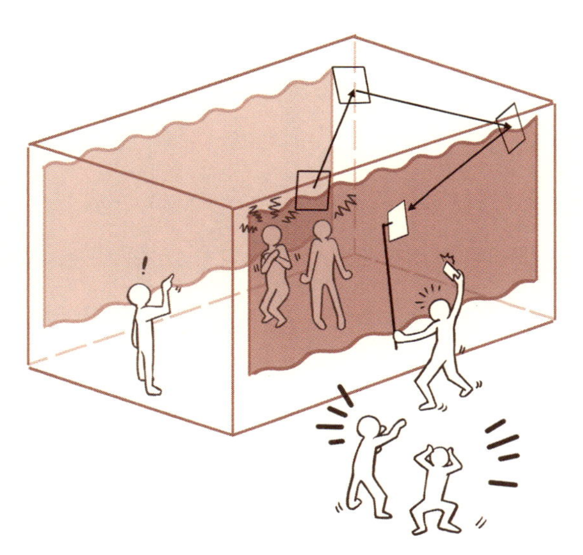

【図解】盗撮に鏡を使って発見された経験を反省し、複数の鏡で中継することで、気付かれないように工夫した岡島の新盗撮法。原理的には、何枚鏡を使おうと、こちらから見えるものは相手からも見えるのだが。

「あー……やっぱりそんなもんだと思った」

　木村が引きつった苦笑を浮かべる。

「計算ではたぶんこのあたりだ――あれ？」

　鏡を見上げた岡島は、眉をひそめて自撮り棒を細かく動かした。

「よし、見えた！」

岡島は会心の笑みを浮かべ、小さくガッツポーズしてから、空いた手でポケットからおもむろにコンパクトデジカメを取り出した。

「なに、それ」

あきれ顔の渚が指をさす。岡島はニヤリとなって答えた。

「さすがに一眼は持ち出せなかったからな。それじゃあ、廊下から盗撮しますよって大声で喋ってるようなもんだ。だからこういう事態に備えて、常にコンデジを持ち歩いてるってわけさ。スマホで妥協しない点に注目してくれ」

誰もそんなことは聞いていなかったが、岡島は場の空気を完全に無視してシャッターを切った。

パシャリ。小さなシャッター音とともに、ストロボが光を放った。

「おっと、いつもならこんなヘマはしないんだが」

言いながら岡島はストロボをオフにして、再びシャッターを切った。

「おーかーじーまー！」

勢いよく教室の扉が開いて、体育着姿の女子たちがいっせいに飛び出してきた。

「おわっ！」

統率の取れた動きで、女子たちは岡島の逃げ場を奪っていた。おそろしいまでの手際の良さでその場に引き倒され、足蹴にされながら、岡島は半分裏返った声で叫んだ。

「な、なぜバレた？　計画は完璧だったはずだぞ」

「ストロボの光が見えたのよ」

片岡が、険悪な表情を浮かべて岡島を見下ろした。

「いけませんねぇ、岡島くん」

その声に、女子たちがさっと振り返る。

開けっ放しの扉の前に立っていたのは、開いた口から湯気の立つ紙袋を抱えた殺せんせーだった。

「発想は悪くない。悪くはありませんが、鏡越しにこちらから見えるということは、向こうからも見えるということを忘れてはいけません。ましてフラッシュなど焚いてしまっては、見つけてくださいと言わんばかり」

その声にかぶるように、女子たちがいっせいに叫んだ。

「なーにを偉そうに、このハレンチ教師が！」

「着替え中にいきなり窓から入ってくるって、どういう了見よ！」

対先生用ナイフを引き抜いて、片岡が殺せんせーをにらみつける。

「にゅ、にゅやッ?!　誤解です！　私は、岡島くんの企(たくら)みをみなさんにお知らせしようと！」

「問答無用！」

よく訓練された動きで、女子がいっせいに対先生用の武器を構える。怯んだ顔の殺せんせーに、BB弾の連射と先生用ナイフが襲いかかった。

「ですから誤解で――ひぃいッ、袋が破れるッ、せっかく買ってきた小籠包(ショウロンポウ)がッ！」

マッハで脱出していく殺せんせーを見送って、渚がつぶやいた。

「小籠包……ああ、殺せんせー、今日は上海(シャンハイ)だったんだ」

「げ、なんだこれ」

その背後で、身体中に足跡をつけた岡島が、コンデジのモニターに目をやって顔をしかめていた。

近くにいた寺坂がのぞき込むと、そこに写っていたのは、小籠包の入った紙袋を抱え、こちらに向かってピースサインをしている殺せんせーの姿だった。

律（りつ）

式の計算

第1章で学んだ「文字と式」と「方程式」のおさらいです。さらに掘り下げて考えてみてくださいね。

check point ▶ 用語のまとめ

単項式　数字と文字のかけ算だけで表されている式。

（例）　$2x$,　$\frac{1}{2}a^2$,　a^4b,　-4,

多項式　単項式が集まった式。

（例）　$3x-4$,　$5x+2y-z$,　$2x^2+5x-9$

同類項　文字の部分が同じもの。

（例）　$3a$と$5a$、$7xy$とxy、
4と9（文字がない同士も同類項になる）

単項式の次数　登場する文字の個数。

（例）　・$2x$はxが1回登場しているので次数は1

・$\frac{1}{2}a^2$はaが2回登場しているので次数は2

・a^4bはaが4回、bが1回登場しているので次数は5

・-4は文字が登場していないので次数は0

多項式の次数　集まっている単項式の次数の中で一番大きい次数。

（例）　・$5x+2y-z$は$5x$の次数が1、$2y$の次数が1、$-z$の次数が1なので、この多項式の次数は1

・$2x^2+5x-9$は$2x^2$の次数が2、$5x$の次数が1、-9の次数が0なので、この多項式の次数は2

2次方程式は
第3章で扱いますよ。

続いては等式の扱い方のお話です。
等式というのは前にも出てきましたが、律さんの転校してきた日を思い出してちょっと復習してみましょう。

例題

ショットガンと機関銃を装備したあの日の律さんの攻撃はなかなか強烈でしたねぇ。

1発くらったもんな。

あの日はあと一歩でした。

残念でしたねぇ。でも、こうして授業に役立つのですから。先生はうれしい限りです。

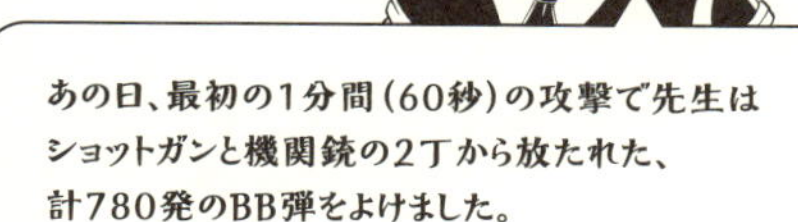

あの日、最初の1分間（60秒）の攻撃で先生はショットガンと機関銃の2丁から放たれた、計780発のBB弾をよけました。

ショットガンは1秒間に3発発射していたと記憶しています。では機関銃は1秒間に何発発射したことになるでしょうか。

ショットガンと機関銃の1秒あたりの発射弾数が異なることに着目した問題ですね！

弾の数まで数えてるのかよ…。

この場合、わかんねぇ数を文字に置きかえるんだったよな。第1章の方程式でやったじゃん。

そのとおり。では式にしてみましょう。

$$(x\text{発}\times 60\text{秒})+(3\text{発}\times 60\text{秒})=780\text{発}$$

なので、単項式を残して、分かる数字は等号の向こう側に行ってもらいましょう。

$$60x=780-3\times 60$$

符号が反対になる!

その時、等号の右側に行った数字や式は符号が反対になるのです。

$$60x=780-180$$

実に簡単なルールです。なので、機関銃の弾の数x個は、

$$x=\frac{600}{60}=10$$

答えは、10発になりますね。

文字から余分なもんをとっていく感じだな。

ルールさえわかれば1次方程式は寺坂でも解ける。

check point ▶ 等式の変形

等式の変形をわかりやすく、
3つの手順にまとめてみました。

1 注目したい文字だけを等号の左側に残す。
（これを「その文字について**解く**」という。）

2 等号の右側にいった数字や文字は符号が反対になる。
（等号の反対側に移動させることを、**移項（いこう）**という。）

3 注目したい文字の係数は最後にわり算で1にする。

さて、ここからは応用です。
方程式はさきほどのような文章問題だけではなく、
与えられた条件から整数を求める問題にも
非常に有効です。

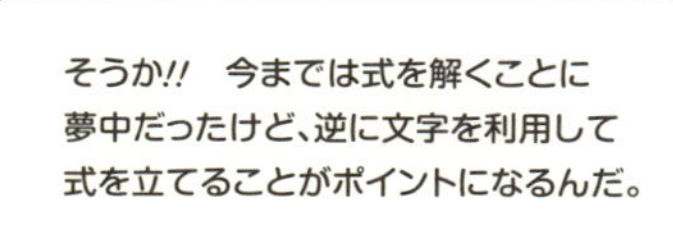

そうか!!　今までは式を解くことに
夢中だったけど、逆に文字を利用して
式を立てることがポイントになるんだ。

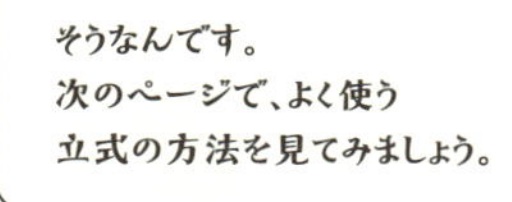

そうなんです。
次のページで、よく使う
立式の方法を見てみましょう。

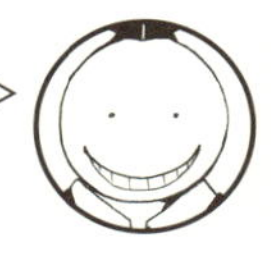

check point ▶ 文字式を利用した説明

nを整数として…

偶数	$2n$
奇数	$2n+1$（または$2n-1$）
xの倍数	xn
xでわるとy余る数	$xn+y$
2けたの数で10の位がaで1の位がb	$10a+b$
3の倍数	$3n$
3でわって1余る数	$3n+1$

他にもいろいろあるので、
考えてみてください。

言葉を噛み砕いて
文字と式で置きかえるのが
大事なんですね。

なぜこの形に置きかえられるのか
原理さえ覚えておけば
様々な条件に応用ができますよ。

「式の計算」の練習問題にチャレンジ！
正解したらチェック欄にチェックを入れよう！
⇒解答・解説はP.234をチェック！

チェック欄

□□ ① $\dfrac{b}{5}-2=a$ を、b について解きなさい。 〈秋田県〉

□□ ② $2x-5y=7$ を、y について解きなさい。 〈栃木県・改題〉

□□ ③ nを整数とする。連続する2つの奇数のうち、小さい数を$2n+1$ とするとき、大きい数をnを用いて表しなさい。 〈長野県〉

□□ ④ 2けたの正の整数があります。この整数の十の位の数と一の位の数を入れかえた整数をつくります。
このとき、入れかえた整数の2倍ともとの整数の和は、3の倍数になります。このわけを、もとの整数の十の位の数をx、一の位の数をyとして、xとyを使った式を用いて説明しなさい。
〈広島県〉

連立方程式

**ぱっと見難しそうな単元だけど
プリンに絡めれば簡単に理解できるよ！**

茅野カエデ

例題

巨大プリンの崩壊防止に
これから牛乳に寒天を混ぜていきます！
それぞれ必要な分量を数学で求めちゃおー！

でもよ、2つもわかんねえ
数字あるとかむずくね？

巨大プリンは崩れるので
寒天を入れてみよう！
寒天：牛乳＝2：3で
合計500kgまで
自重に耐えられる

条件が2つあるから
連立方程式にできんじゃん？

村松くんせいかーい！

茅野、プリンが絡むと
数学も得意になるんだ…。

プリンのためなら数学なんか余裕余裕！

で、こっからどうすんだよ。

check point ▶ 連立方程式の立式

2つの互いに関連する量の値を求めたいときには**連立方程式**を作る。

☆1 求めたいもの2つをそれぞれ文字で置く。

寒天の量をx　牛乳の量をy

☆2 それぞれの文字の関係を2つ見つける。

ここがポイント!!

$$\begin{cases} x+y=500 \\ 3x-2y=0 \end{cases}$$

（関係1）寒天と牛乳の合計が500kg

（関係2）$x:y=2:3 \rightarrow 3x=2y$

内項の積と外項の積は等しい。

殺り方は2つあるよ。同じ文字についての式だから、代入したり、たしたりひいたりもできちゃうの！

check point ▶ 連立方程式の解法

☆1 代入法

1 片方の式をどちらかの文字について表す。

$x+y=500 \rightarrow y=500-x$

2 もう片方の式に代入し1次方程式にして解く。

$3x-2y=0 \rightarrow 3x-2(500-x)=0 \rightarrow x=200$

（$500-x$：yを代入）

3 もとの関係に代入してもう片方の文字を解く。

$3x-2y=0 \rightarrow 3\times200-2y=0 \rightarrow y=300$

（200：xを代入）

② 加減法

1 それぞれの式を何倍かして、どちらかの文字の係数をそろえたあと、片方の式をたしたりひいたりして1次方程式を作る。

$x+y=500 \rightarrow 3x+3y=1500\ (\times 3)$ …… ①

$3x-2y=0 \rightarrow 3x-2y=0\ (\times 1)$ ……… ②

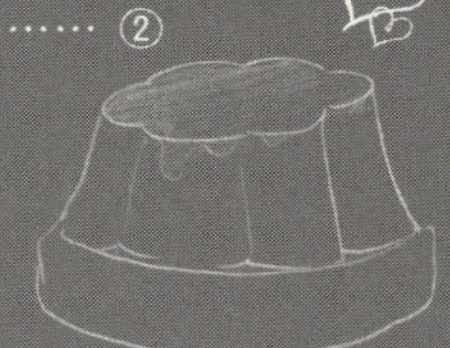

①－②より

$$\begin{array}{rr} & 3x+3y=1500 \\ -) & 3x-2y=0 \\ \hline & 5y=1500 \end{array} \qquad \underline{y=300}$$

2 もとの関係に代入してもう片方の文字を解く。

$3x-2y=0 \rightarrow 3x-2\times 300=0 \rightarrow \underline{x=200}$

どちらの解法を使ってもOKです。
条件によって計算が楽なほうを選んでください。

文字を1つにできさえすれば
あとは1次方程式を解くだけ！
寒天を**200kg**、牛乳を**300kg**
用意して作業さいか〜い！

茅野、全科目プリンが絡んでれば
トップも狙えるんじゃ…

「連立方程式」の練習問題にチャレンジ！
正解したらチェック欄にチェックを入れよう！
⇒解答・解説はP.235をチェック！

チェック欄

□□ ① 連立方程式 $\begin{cases} 3x-2y=7 \\ x+y=-1 \end{cases}$ を

代入法と加減法の2通りで解きなさい。〈埼玉県・改題〉

□□ ② 連立方程式 $\begin{cases} 2x+3y=1 \\ 3x+5y=-2 \end{cases}$ を

代入法と加減法の2通りで解きなさい。

チェック欄

□□ ③　地点Aから地点Bを通って地点Cまで，1800mの道のりを歩いた。地点Aから地点Bに向かって毎分90mの速さで歩き，地点Bから地点Cに向かって毎分60mの速さで歩いたところ，地点Aを出発してから26分で地点Cに到着した。次の文章は，地点Aから地点Bまでの道のりと地点Bから地点Cまでの道のりを求めたものである。これを読んで，下の問い(1)・(2)に答えよ。〈京都府〉

> 地点Aから地点Bまでの道のりをxm，
> 地点Bから地点Cまでの道のりをymとする。
> 地点Aから地点Cまでの道のりが1800mであることから，
> x, yを使って方程式をつくると，
>
> $x+y=1800$　……………①
>
> 地点Aを出発してから26分で地点Cに到着したことから，
> x, yを使って方程式をつくると，
>
> [ア] $=26$　……………②
>
> 2つの方程式①，②を組にした連立方程式を解くと，
> $x=$ [イ]，$y=$ [ウ]
> よって，地点Aから地点Bまでの道のりは [イ] m，
> 地点Bから地点Cまでの道のりは [ウ] mである。

(1)　[ア] に当てはまる式を答えよ。

(2)　[イ]，[ウ] に当てはまる数をそれぞれ求めよ。

チェック欄

□□ ④　ある中学校でボランティア活動に参加したことがある生徒は，1年生では1年生全体の25%，2年生では2年生全体の30%，3年生では3年生全体の40%で，学校全体では生徒全体の32%である。また，この中学校の生徒数は，3年生は2年生より15人多く，1年生は240人である。この中学校の2年生と3年生の生徒数を求めよ。ただし，用いる文字が何を表すかを最初に書いてから連立方程式をつくり，答えを求める過程も書くこと。〈愛媛県〉

	生徒数（人）	ボランティア活動に参加したことがある生徒数（人）
1年生		
2年生		
3年生		
全体		

殺すう学者が贈る　殺る気が出る名語録

寺坂竜馬に説明できなければ、理解したとは言えない
（コロシュタイン）

［原文］
6歳の子供に説明できなければ、理解したとは言えない
（アインシュタイン／1879年～1955年）

1次関数

1章で習った比例を理解したら今度は1次関数だ。
この単元を使って奴を殺す計画を練ってみよう。

12km先にいる殺せんせー（ターゲット）が秒速3kmで校舎に向かってくるとき、3秒後のターゲットとの距離を求めよ。
x秒後の校舎とターゲットとの距離を$y$kmとする。

秒速3kmってことは…。

$y=3x$……?

考え方は悪くない。だがyの置き方を間違えている。
ターゲットとの距離(y)は、
時間(x)がたつとどうなっていく?

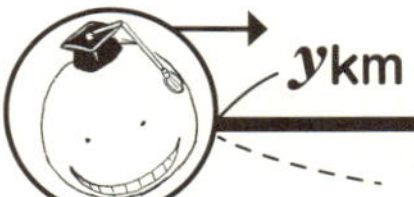

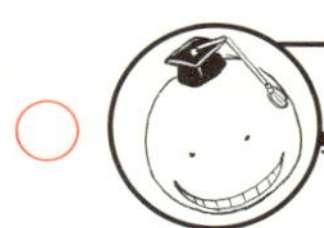

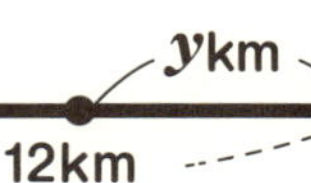

こういう時は表に起こすのが大事だったよね。
とりあえず書いてみよっか。

校舎からターゲットまでの距離(km)	12	9	6	3	0
時間(秒)	0	1	2	3	4

あ、そうか、殺せんせーは12km先からこっちに来るんだから
殺せんせーまでの距離はどんどん減っていくんだ!

ってことは、12kmから時間(x)が
1秒増えるごとに3kmずつ減るから…。

check point ▶ 傾き・切片

x秒後の校舎と殺せんせーとの距離を$y$kmとする。

$$y=12-3x$$

または

$$y=-3x+12$$

正解だ。ここで用語を整理しておこう。
今出てきた12の部分は**切片**(せっぺん)といい、
−3の部分は時間が1秒増えるごとに、
この分だけ変化するから**変化の割合**という。
このように$y=ax+b$で表現できるものを
1次関数と呼ぶ。

check point ▶ グラフ

では、この1次関数をグラフに起こしていこう。
まず式のxにいくつか数値を代入してみるといい。

覚えて損はないぞ

$x=0$のとき　$y=-3\times0+12$
$=12$

$x=1$のとき　$y=-3\times1+12$
$=9$

$(x,y)=(0,12)$と$(1,9)$を通る。

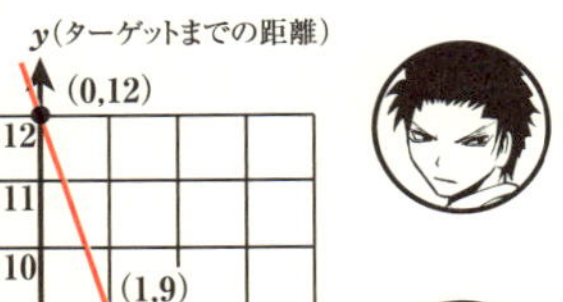

y（ターゲットまでの距離）
(0,12)
その2つの点を結んだ直線がこの式のグラフになる。

1次関数のグラフはいつも直線なんですね。

(1,9)
x（時間）
y = −3x+12

1次関数 $y=ax+b$ のグラフの傾きぐあいは、
aがどのような値をとるかによって決まる。
この意味で、aをそのグラフの**傾き**ともいう。
つまり…

1次関数では
（変化の割合）＝（傾き）＝a

なるほど〜！

基礎ができたところで、次は応用に入るぞ。
今度は爆弾も動いているという状況だ。

10km先にいるターゲットが秒速6kmで校舎に飛んでくるとき、秒速2kmの爆弾をターゲットに向かって発射して何秒後に起爆させるべきか？

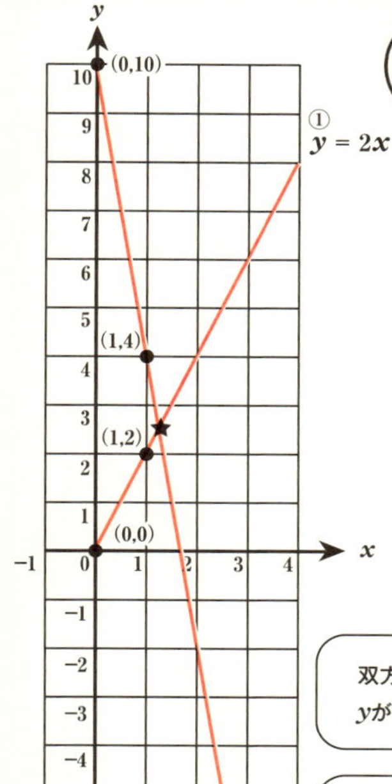

さっきと同じようにどっちも式とグラフにしてみようよ。

x秒後の校舎と爆弾との距離（爆弾の移動距離）を$y$kmとすると

$$y=2x \quad \cdots\cdots ①$$

また、x秒後の校舎と殺せんせーとの距離を$y$kmとすると

$$\begin{aligned} y &= 10-6x \\ &= -6x+10 \quad \cdots\cdots ② \end{aligned}$$

双方が同じ位置にいるとき、言い換えるとお互いのyが等しくなるときのxが、求めるべきタイミングになる。

グラフで見ると、2つの直線が交わった★印のところを求めればいいんだね！

このときの点の座標は…
連立方程式（→P.104）を使えば求められそうだけど…。

$$2x = -6x + 10$$
$$8x = 10$$
$$x = \frac{10}{8}$$
$$= \frac{5}{4}$$

BOMB

これを①に代入して $y = \frac{5}{2}$

$$(x, y) = \left(\frac{5}{4}, \frac{5}{2}\right)$$

O

y=ax+bの形の式を直線の式ともいう。
さっきは2つの点を結んで直線を書いたが、
この形がわかっていると左の図のように
傾きaと切片bの情報だけで
直線が書けるようになる。
直線が出てきたらまずy=ax+bを考えて、
問題の情報からaとbを
決定するようにしよう。
a、bは定数なので、
その数を求めれば1次関数の式は出る！

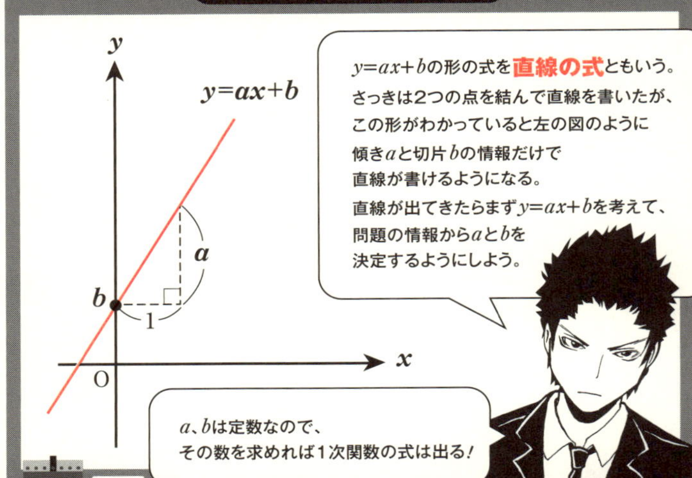

おし、とけた！ 分数を直すと発射してから
1.25秒後に起爆すれば校舎から
2.5km移動したところで命中するな！
連立方程式を使うときに
出てくるひとつひとつの
関係式が1次関数って
ことだね。

check point ▶ 直線の式

y=ax+b

b

「1次関数」の練習問題にチャレンジ！
正解したらチェック欄にチェックを入れよう！
⇒解答・解説はP.238をチェック！

チェック欄

□□ ①　一次関数 $y=3x-2$ で，xの値が4から7まで増加するとき，yの変域と増加量をそれぞれ求めなさい。

〈佐賀県・改題〉

□□ ②　yはxの一次関数であり，変化の割合が4で，そのグラフが点(5, 13)を通るとき，yをxの式で表せ。〈高知県〉

□□ ③　方程式 $2x+3y+6=0$ のグラフをかけ。〈京都府〉

チェック欄

④　下のI図のように，直方体の形をした高さ40cmの水そうが水平に設置されている。
給水管Aを開けると，一定の割合で水を入れることができる。
給水管Aを閉じた状態で，排水管Bのみを開けると水面の高さが毎分0.5cm低くなり，排水管Cのみを開けると水面の高さが毎分1.5cm低くなる。
排水管B，Cともに水そうの水がなくなるまで一定の割合で水を出すことができる。

最初，空の水そうに排水管B，Cは閉じた状態で，給水管Aを開けて水を入れると，20分後に水そうの底から水面までの高さが40cmとなり，水そうは満水となった。
水そうが満水となった時点で，給水管Aを閉じると同時に排水管Bを開け，排水管Bを開けてから20分後に排水管Cも開けて水を出した。
水を入れ始めてからx分後の水そうの底から水面までの高さを$y$cmとする。

右のII図は，給水管Aを開けてから満水になるまでのxとyの関係をグラフに表したものである。
このとき，次の問い(1)～(3)に答えよ。
ただし，水そうの厚さは考えないものとする。〈京都府・改題〉

I図

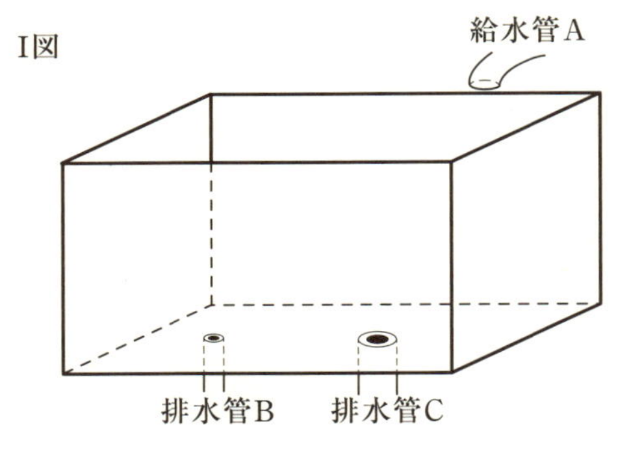

⑴　給水管Aを開けて，水そうが満水になるまで水を入れたとき，水面の高さは毎分何cm高くなったか求めよ。
また，水を入れ始めてから14分後の水そうの底から水面までの高さは，何cmか求めよ。

⑵　給水管Aを開けた時点から水そうの水がなくなるまでのxとyの関係を表すグラフを，Ⅱ図にかけ。

Ⅱ図

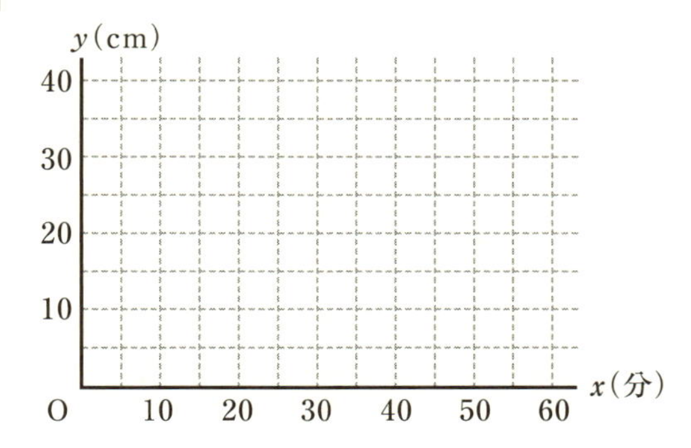

⑶　水そうに水を入れ始めてから，水そうの水がなくなるまでの間に，水そうの底から水面までの高さが16cmになるときは2回あるが，それは水を入れ始めてから何分後と何分後か，それぞれ求めよ。

⑤　下の図において, f は関数 $y=2x$ のグラフで, g は傾きが-1の直線である。
f と g は点Aで交わり, 点Aのx座標は1である。
また, gとx軸の交点をBとする。
このとき, 次の(1)・(2)の問いに答えなさい。〈高知県〉

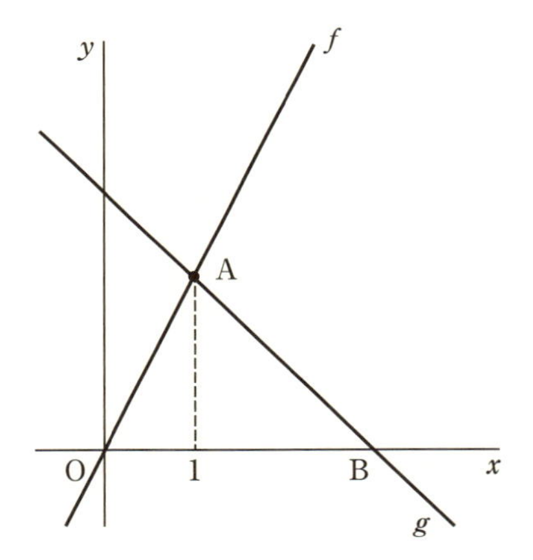

(1)　点Bの座標を求めよ。

(2)　x軸上にx座標が2である点Pをとり，点Pを通りy軸に平行な直線が f, g と交わる点をそれぞれQ, Rとする。
このとき，三角形AQRの面積を求めよ。

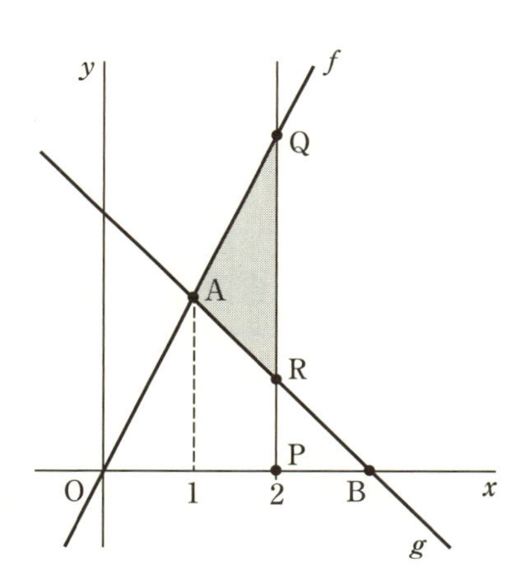

殺すう学者が贈る 殺る気が出る名語録

宇宙は数学という
触手で絡まっている
（ガリコロ）

［原文］宇宙は数学という言語で書かれている
（ガリレオ／1564年～1642年）

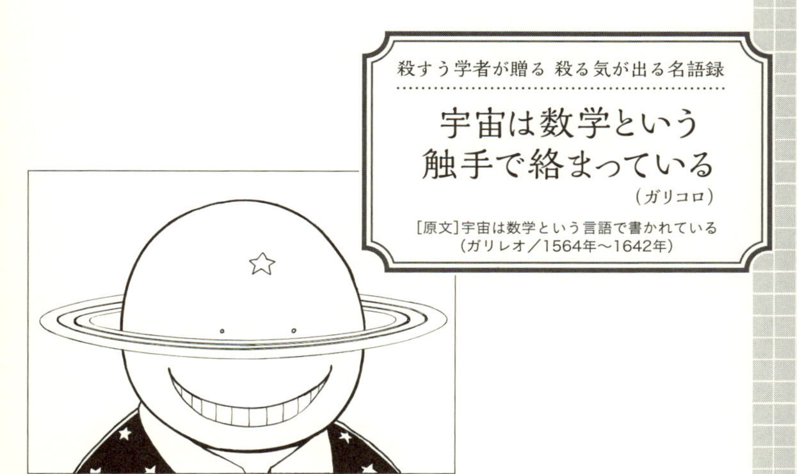

図形の調べ方

図形の性質を知ることで平面図形の問題がより解きやすくなるのね。

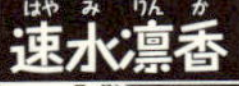

5人でターゲットを包囲して機銃掃射で仕留めよう。×印の所にやつがいるとして、おのおの配置につけ。担当する角度が平等な方がターゲットに命中する確率が高いことを忘れるな。

例題1　担当すべき角度を求めよ。

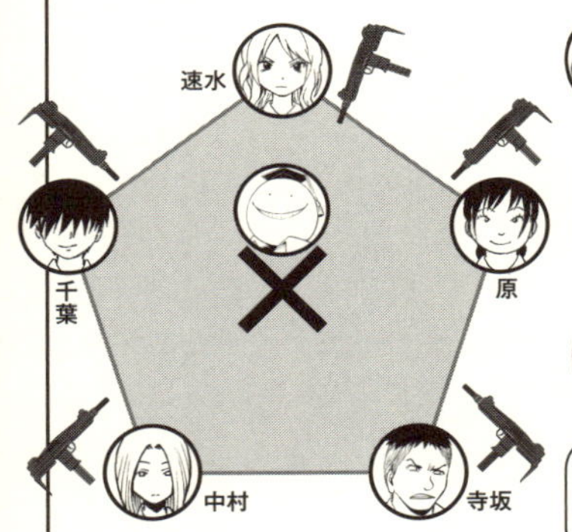

担当する角度が平等…ってことは正五角形ってことだね。

三角形の内角ならわかるけど、五角形ってどうするの?

こういうときは五角形を三角形にしちゃうのよ。

何言ってんだお前、五角形は五角形だろーが。

こやって補助線引くと三角形3つに分割できるじゃん?

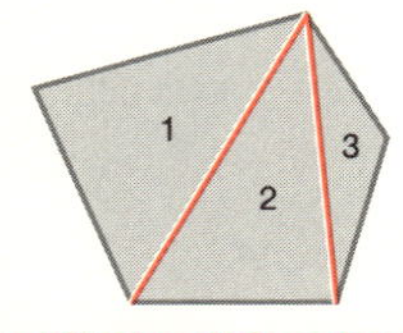

三角形の内角の和は180度だから、3つたすと540度。

これで考えると**n角形はn−2個の三角形に分けられる**から内角の和は**180×(n−2)**っつーこと。わかったかね、寺坂君。

だとしたら
内角の和を
角の数でわって…。

$$\frac{180\times(5-2)}{5}=108$$

108度ってことだな!

図形の性質の理解は暗殺にも必須だ。
この他にも様々な性質があるので
頭に叩き込んでおくといい。

check point ▶ 多角形と正多角形

多角形　複数の直線に囲まれた図形。

正多角形　各辺の長さが等しい多角形。

内角　多角形の内側の角。

外角　辺を伸長して得られる角度。

- 三角形の内角の和は**180度。**
- n角形の内角の和は**180×(n-2)度。**
- 外角の和は常に**360度。**
- 正多角形は**内角が全て等しい。**

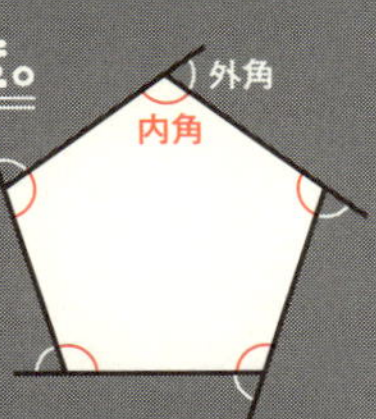

平行線と角の問題は
基礎知識で多くの
問題が解けるから
きっちり覚えとこう。

check point ▶ 平行線と角

対頂角は等しい。

$\angle a = \angle b$

平行線の錯角と同位角は等しい。
逆に錯角か同位角が等しければその直線は平行。

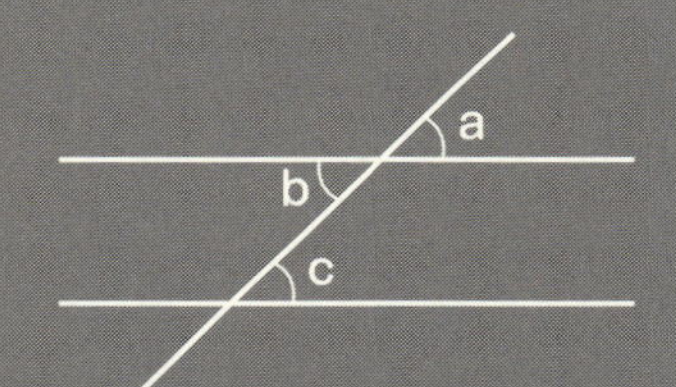

【同位角の関係】
$\angle a = \angle c$

【錯角の関係】
$\angle b = \angle c$

check point ▶ 二等辺三角形の頂角の二等分線

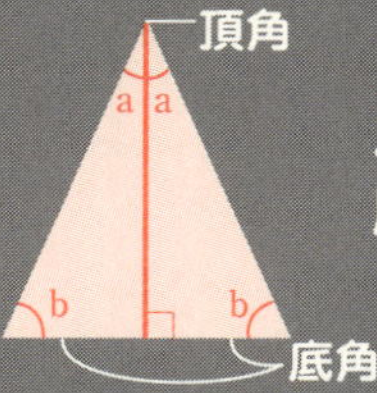

二等辺三角形の頂角の二等分線は底辺の垂直二等分線となる。

二等辺三角形の特性は底角もよく使うわね。

等しい角はどんどん図に
書き入れてくのがいいよ〜。

check point ▶ いろいろな平行四辺形

2組の対辺(向かい合う辺)がそれぞれ平行な四角形を**平行四辺形**とよび、以下の性質を持つ。

この辺りは小学校でもやるけど、
中学数学だと用途がグッと広がってくる。

1 2組の対辺の長さはそれぞれ等しい。

2 2組の対角(向かい合う角)の大きさはそれぞれ等しい。

3 対角線はそれぞれの中点で交わる。

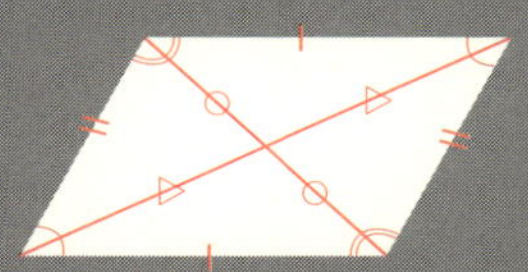

平行四辺形は1個の角がわかれば
他も全部わかるの、ちゃんと理解できてる?

長方形 すべての角が直角の平行四辺形。

ひし形 対角線が垂直に交わる平行四辺形。

正方形 すべての辺の長さが等しい長方形。または長方形かつひし形の平行四辺形。

長方形

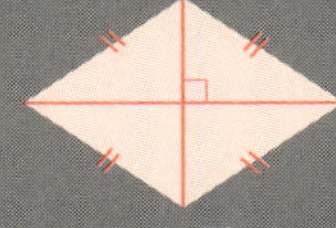
ひし形

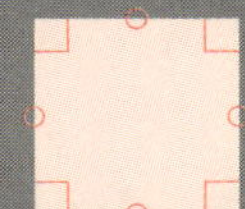
正方形

例題2

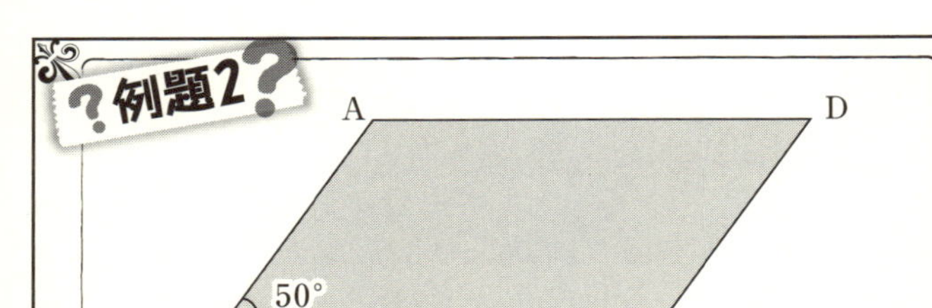

平行四辺形ABCDで ∠B＝50°のとき
∠A、∠C、∠D の大きさを求めよ。

平行四辺形の対角は等しいから

∠B＝∠D＝50°
∠A＝∠C（＝x°）と置く。

四角形の内角の和は360°だから

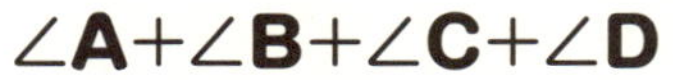

$$\angle A+\angle B+\angle C+\angle D$$
$$=x+50°+x+50°$$
$$=100°+2x=360°$$

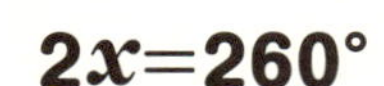

$$2x=260°$$

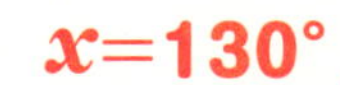

$$x=130°$$

∠A、∠Cは別解として180°−50°で
求めてもいいね。

「図形の調べ方」の練習問題にチャレンジ!
正解したらチェック欄にチェックを入れよう!
⇒解答・解説はP.240をチェック!

チェック欄

□□ ① 正六角形の一つの外角の大きさを求めなさい。 〈栃木県〉

□□ ② 内角の和が720°になる多角形は何角形か。 〈福岡県〉

□□ ③ 右の図のように△ABCの∠B,∠Cの二等分線の交点をDとする。∠BDC=3∠BACのとき、∠BDCの大きさを求めよ。 〈長野県〉

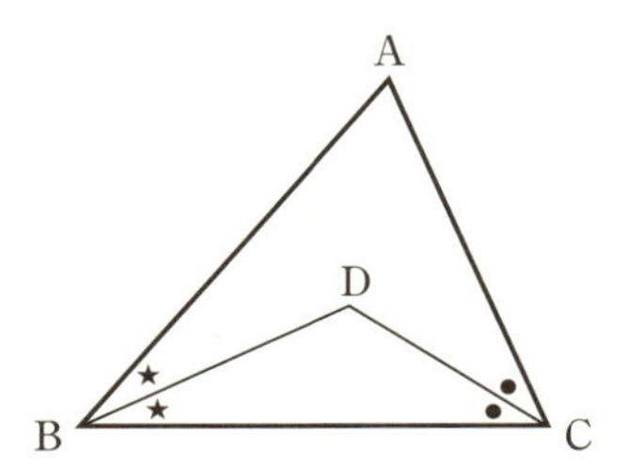

チェック欄

□□ ④　下の図で$\ell // m$のとき、$\angle x$の大きさを求めなさい。〈千葉県〉

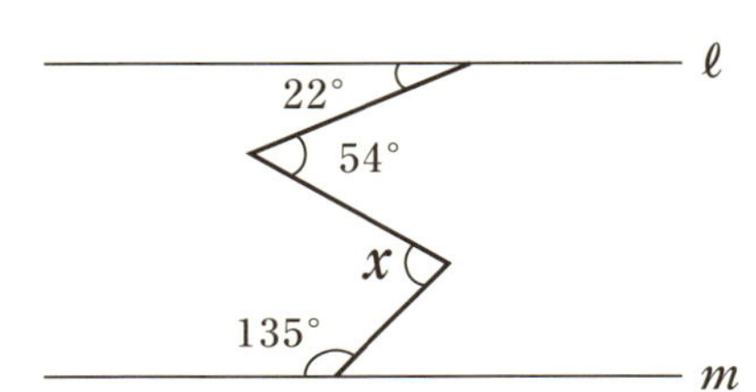

□□ ⑤　右の図のような、線分ACと線分BDを対角線とする四角形ABCDがあり、二つの条件AB//DC, AD//BCが与えられている。この四角形ABCDを長方形とするため、条件を1つ加えることにする。加える条件として正しい物を全て選びなさい。〈神奈川県立湘南高等学校〉

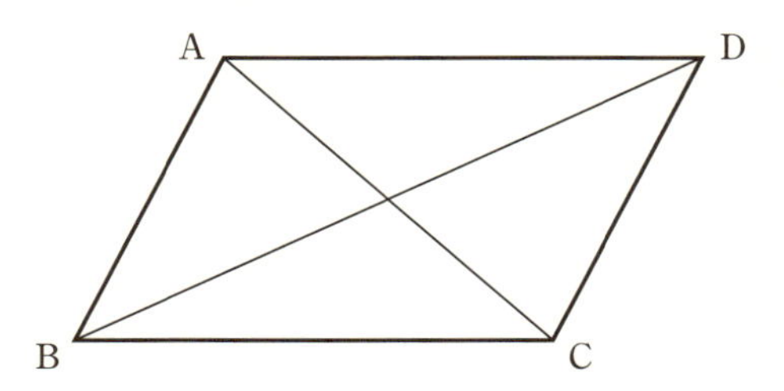

1. $AB=BC$　　2. $\angle BAD=\angle ABC$

3. $AC=BD$　　4. $AC\perp BD$

★⑤の問題は「合同な図形と証明」の単元も参考にして解きましょう。

チェック欄

□□　⑥　右の図で、四角形ABCDは平行四辺形であり、点Eは辺AD上に、EB=ECとなるようにとったものである。$\angle$ADC=75°, $\angle$EBC=58°のとき、$\angle x$の大きさは何度か。

〈鹿児島県〉

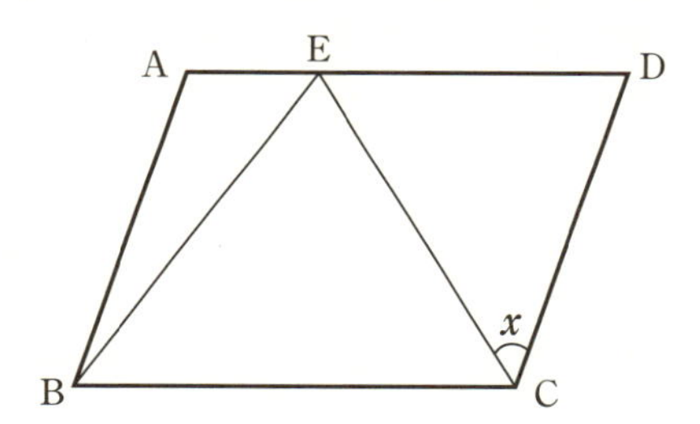

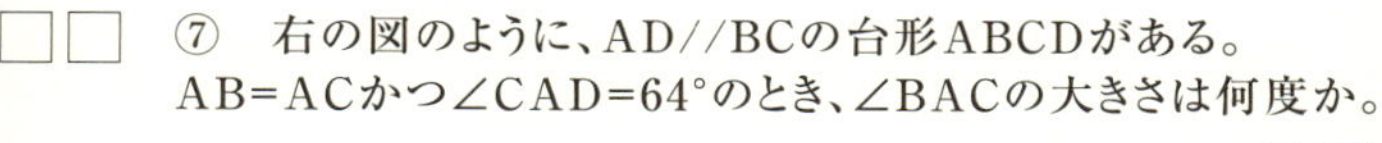

□□　⑦　右の図のように、AD//BCの台形ABCDがある。AB=ACかつ$\angle$CAD=64°のとき、$\angle$BACの大きさは何度か。

〈広島県〉

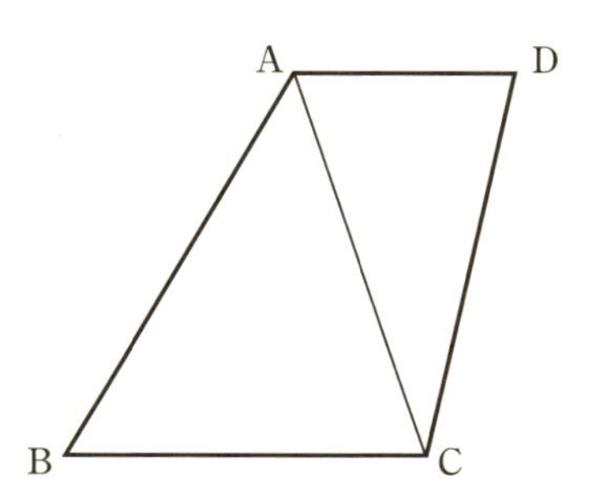

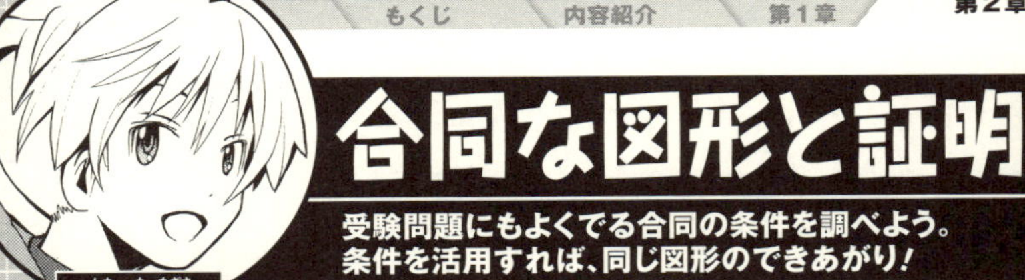

合同な図形と証明

受験問題にもよくでる合同の条件を調べよう。条件を活用すれば、同じ図形のできあがり！

潮田渚

例題

今から先生が分身するので、まったく同じ形の分身を当ててみてください。向きや反転してたりもするので、見た目だけで判断すると間違えますよ。

顔以外どれも似たようなもんじゃねーか！ぱっと見 PとR、SとQだろーが。

おや寺坂君、ではそれを本当に「証明」できますか？

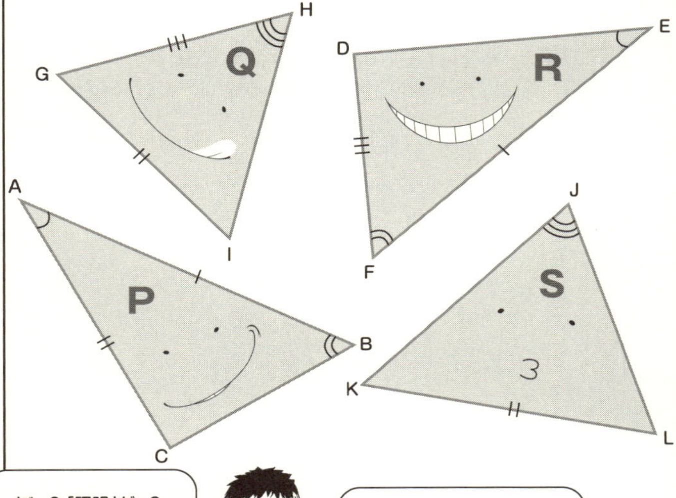

あ゛ぁ？「証明」だぁ？ただ似てるってのじゃダメなのかよ。

ヌルフフフ、それではまだまだ殺れませんねぇ。では**合同を示すための条件**を見ていきましょう。

check point ▶ 合同な図形

定義　2つの図形P,Qが位置や向きを変えるだけで完全に重なるとき、**合同の関係である**といい、P≡Qとあらわす。

性質　対応する辺の長さと角の大きさがすべて等しい。

まずそれぞれの
辺と角を調べるのが
ヒントになりそうだね。

暗殺同様、データ集めと
その整理が大事です。

check point ▶ 三角形の合同条件

以下の3つの条件のどれかに当てはまれば、合同を証明することが出来ます。集めたデータと照らし合わせてみましょう。

っつーことは…

① 3組の辺がそれぞれ等しい。

A' B' =F' E'　　B' C' =E' D'　　C' A' =D' F'
ならば、△A' B' C' ≡△F' E' D'

② 2組の辺とその間の角がそれぞれ等しい。

・A' B' =F' E'　かつ　B' C' =E' D'　かつ　∠B' =∠E'
・B' C' =E' D'　かつ　C' A' =D' F'　かつ　∠C' =∠D'
・C' A' =D' F'　かつ　A' B' =F' E'　かつ　∠A' =∠F'
のいずれかを満たせば、
△A' B' C' ≡△F' E' D'

③ 1組の辺と、その両端の角がそれぞれ等しい。

・A' B' =F' E'　かつ　∠A' =∠F'　かつ　∠B' =∠E'
・B' C' =E' D'　かつ　∠B' =∠E'　かつ　∠C' =∠D'
・C' A' =D' F'　かつ　∠C' =∠D'　かつ　∠A' =∠F'
のいずれかを満たせば、
△A' B' C' ≡△F' E' D

ということは、分身PとRが∠A=∠Eかつ∠B=∠FかつAB=EFで、
「1組の辺とその両端の角がそれぞれ等しいから」
合同だ!!
頂点の対応に気をつけて書くと**△ABC≡△EFD**だね。

正解です!!
実はみなさんが今してくれたのが、
「証明」なのです。
以下、証明のしくみや書き方などを説明するので
みなさんしっかりおさえて下さいね。

check point ▶ 証明のしくみ

すでに正しいとされていること(仮定)から、
(・測った三角形の長さ　・合同な三角形の条件)

証明したいことがら(結論)を導く。
(分身PとRが「合同」)

証明のしくみ

実際の数学の答案では
今回の証明はこう書きます。

check point ▶ 証明の書き方

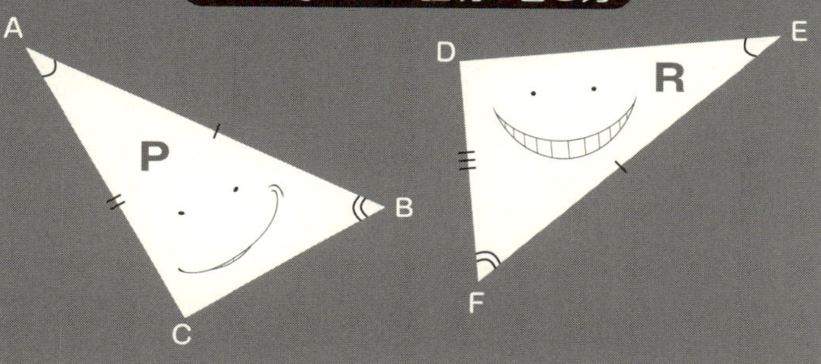

△ABCと△EFDにおいて
図より、 AB = EF
∠CBA = ∠DFE
∠CAB = ∠DEF

根拠を示す。

合同条件となる角や辺の情報を書く。頂点の対応に気をつける。

上記より三角形の
1組の辺とその両端の角がそれぞれ等しいので、
△ABC≡△EFD

使った合同条件を明記。

頂点の対応に気をつける。

ちなみに△ABC≡△DEFとか
書くと間違いだから寺坂気をつけてね〜。

わーってるよ!!
頂点の対応にも注意ってことだろ!!

ふつうの三角形の合同条件以外にも、
これらの条件を証明に使うので覚えておきましょう。

check point ▶ 直角三角形の合同条件

以下のどちらかの条件を満たす直角三角形は合同。

☆1 斜辺と1つの鋭角がそれぞれ等しい。

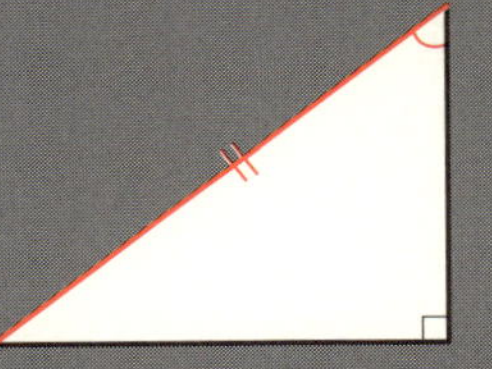

☆2 斜辺と他の一辺がそれぞれ等しい。

check point ▶ 平行四辺形となる条件

以下のどれかの条件を満たす四角形は平行四辺形。

☆1 2組の対辺がそれぞれ平行。

☆2 2組の対辺がそれぞれ等しい。

☆3 2組の対角がそれぞれ等しい。

☆4 対角線がそれぞれの中点で交わる。

☆5 1組の対辺が平行でその長さが等しい。

平行四辺形はP.123でもでてきましたね。
あわせてよくみておきましょう。
これらの条件や図形の調べ方で学んだ
チェックポイントを使っていろいろな図形の
性質を証明することができるんです。
実際に練習してみましょう。
あくまでも基本は三角形の合同ですよ。

「合同な図形と証明」の練習問題にチャレンジ!
正解したらチェック欄にチェックを入れよう!
⇒解答・解説はP.241をチェック!

チェック欄
□□

① 直線ℓ上にある点Pを通るℓの垂線を引くために、次の手順に従った。

1）点Pを中心とする円を描き、直線ℓとの交点をA,Bとする。
2）点A,Bをそれぞれ中心として等しい半径の2つの円を交わるように描き、その交点の1つをQとする。
3）直線PQを引く

このとき、△QAP≡△QBPを証明し、
さらに直線PQとℓが垂直であることを示せ。〈愛知県・改題〉

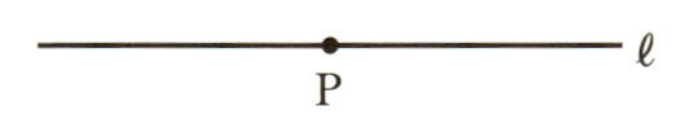

チェック欄

② 下の図のように、平行四辺形ABCDの対角線の交点Oを通る直線と辺AD,BCとの交点をそれぞれP,Qとする。このときAP=CQであることを証明せよ。〈長野県〉

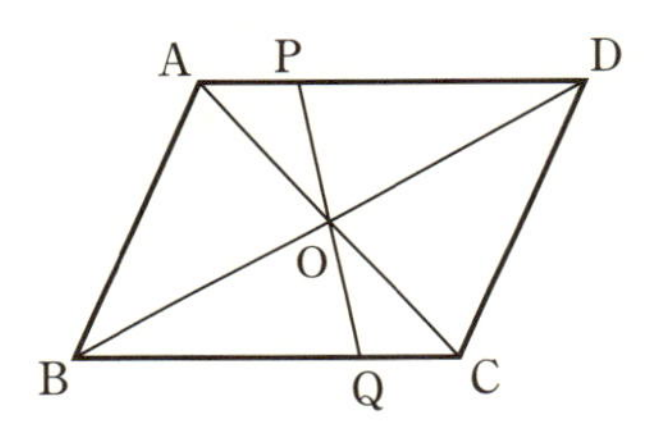

③ 下の図のような正方形がある。辺CD上に点Eをとり頂点A,Cから線分BEに引いた垂線と線分との交点をそれぞれF,Gとする。このとき△ABF≡△BCGを証明せよ。

〈新潟県〉

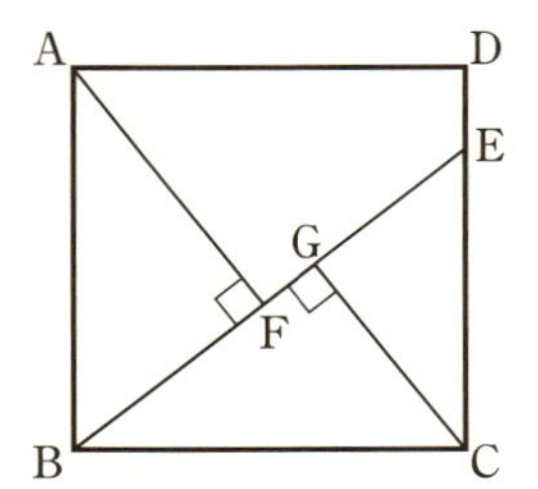

チェック欄

□□ ④ 平行四辺形ABCDがある。辺ABの3等分点のうち点Aに近い方の点をE、辺CDの3等分点のうち点Cに近い方の点をFとする。四角形EBFDは平行四辺形であることを証明せよ。

〈大阪大教育平野・改題〉

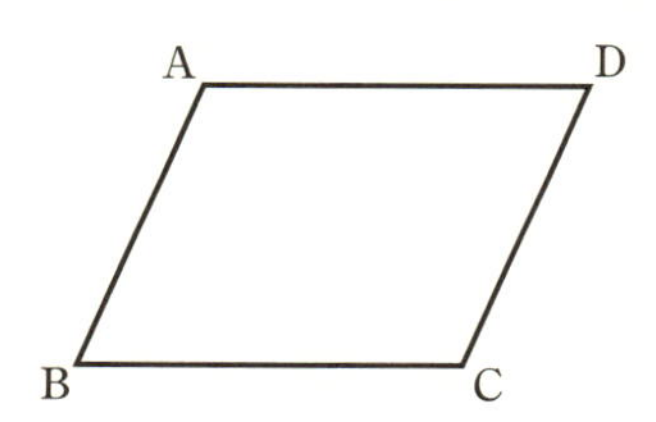

殺すう学者が贈る 殺る気が出る名語録
数学は、暗殺精神の栄光のためにある
（ヤコロ）
[原文]数学は、人間精神の栄光のためにある
（ヤコビ／1804年～1851年）

確率

ことがらの起こりやすさについて考えよう。確率は、そのことがらの起こりやすさを割合で表したものだ。

竹林孝太郎（たけばやしこうたろう）

ヌルフフフ、突然ですがここでラッキーチャンス！
題して…「殺（ころ）せんせー危機一髪ゲーム」〜!!

なんかいきなり始まった!!

先生が色玉の入った袋の中から目隠しして
玉を続けて2個取り出します。
どんな玉が出てくるかを当てるだけの簡単なゲームです。
（ただし玉は1つずつ取り出し、取った玉は袋には戻さない）
当たった方には無条件攻撃権をプレゼント〜!!

殺せんせー 危機一髪ゲーム

赤玉：6個　青玉：4個　緑玉：2個　黄玉：2個

合計14個の色玉が入った袋の中から殺せんせーが玉を2個取り出します。次の①〜④のうち、ひとつにかけて当たったら殺せんせーへの攻撃チャンスがもらえます。

❶ 1個目に緑玉を取り出す。
❷ 2個の赤玉を取り出す。
❸ 2個の青玉か2個の黄玉を取り出す。
❹ 1個以上の黄玉を取り出す。

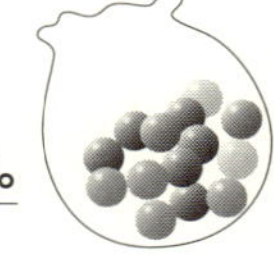

そんなのただの運だろ！

諦めるのはまだ早い。**確率**を考えて何が
一番起こりやすいのか計算していこう。
まずは寺坂（てらさか）にもわかるように単純なパターンから。

例題1

コインを3回投げたとき、裏が2回出る確率を求めよ。
ただし、コインの表が出るのも裏が出るのも、
同様に確からしいとする。

「同様に確からしい」って
なんだそりゃ。

「それぞれの**事象（場合）**が
同程度に起こりやすい」ということさ。

check point ▶ 樹形図

奥の手として、起こりうる全てのパターンを枝分かれ
させながら考えることもできる。
この時作った枝分かれの図を**樹形図**という。

数えればいいだけ
だから単純バカの
寺坂にぴったりだ。

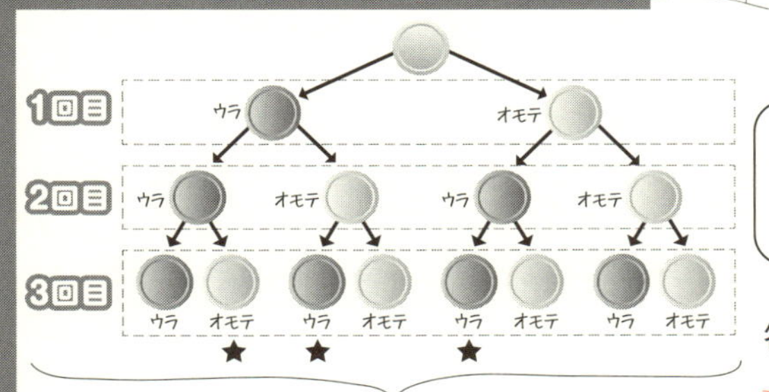

答え. $\frac{3}{8}$

全部で**8**つ。裏が2回出るのは★のついている**3**つだけ。

check point ▶ 確率とは

$$\text{事象Aが起こる確率}=\frac{\text{事象Aが起こる場合の数}}{\text{全部の場合の数}}$$

このコインの問題では

$$\text{コインの裏が2回出る確率}=\frac{\text{コインの裏が2回出る場合の数}}{\text{全部の場合の数}}=\frac{3}{8}$$

意外と簡単じゃねーか。

じゃあ次、もっと事象が
多い場合を考えよう。

例題2

大小2つのサイコロがある。
それぞれのサイコロのどの目が出るのも
同様に確からしいとする。このサイコロを振って、

**(i) 大きいサイコロの目が奇数でかつ
小さいサイコロの目が偶数になる確率を求めよ。**

**(ii) ①「大きいサイコロの目が5以上で、
かつ小さいサイコロの目が2以下」になるか、
または②「大きいサイコロの目が偶数でかつ
小さいサイコロの目が4以上」になる確率を求めよ。**

**(iii) 大きいサイコロの目と小さい
サイコロの目の、少なくとも1つが
奇数となる確率を求めよ。**

サイコロ(大)　サイコロ(小)　サイコロ(大)　サイコロ(小)

樹形図だと2つのサイコロを振ったとき、目の出方の数は**全部で36通り**だ。意外と面倒だろ?

問題(i)の場合の数は**9通り**だな。求める確率は…

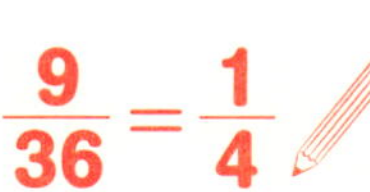

問題(ii)はどっちかの条件満たしゃいいんだろ?
気合で数えりゃなんとかなんだろ!
図の●印つけたとこでどーよ。

正解だ。ただこの方法は寺坂みたいな単細胞には
ぴったりだが、効率を求めるやつにはオススメできない。
竹林、**確率の積の法則と和の法則**を説明しろ。

check point ▶ 積の法則と和の法則

積の法則

事象A（確率x）と事象B（確率y）が
互いに関係なく起こるとき、ともに
起こる確率は$x \times y$
（例:サイコロを2回振って出た目が両方1となる確率）

和の法則

事象A（確率x）と事象B（確率y）が
同時に起こらないとき、どちらかが
起こる確率は$x+y$
（例:サイコロを振った目が1か2となる確率）

まずは、**積の法則**。
大きいサイコロの目が奇数になる確率、
小さいサイコロの目が偶数になる確率は
それぞれ $\frac{3}{6}=\frac{1}{2}$
これが「互いに関係なく、どちらも」
起こるのだから求める確率は

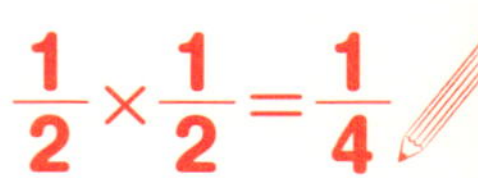

$$\frac{1}{2} \times \frac{1}{2} = \frac{1}{4}$$

おお、効率的!

一方(ii)の①は、大小それぞれ
$\frac{1}{3}$の確率で起こるから
ますは問題(i)と同じく
積の法則を使って

$$\frac{1}{3} \times \frac{1}{3} = \frac{1}{9}$$

②の条件も積の法則を使って

$$\frac{1}{2}\times\frac{1}{2}=\frac{1}{4}$$

ただし、この2つの事象は
同時に起こらないから
この場合は**和の法則**を使う!

$$\frac{1}{9}+\frac{1}{4}=\frac{13}{36}$$

こ、効率的じゃねえか…。

じゃあ(iii)の問題は…「少なくともぉ?」
ややこしいけどこれも数えりゃかんた…

こういう時は「**そうならない確率**」**を考える**のが定石だ。
「少なくとも1つが奇数」ということは、「両方とも偶数ではない」と
言いかえられるだろ? だったら「**両方とも偶数**」**になる確率を**
全体からひけば、同じ条件の確率が求められるというわけさ。

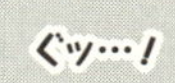

両方とも偶数なら
簡単じゃねーか。

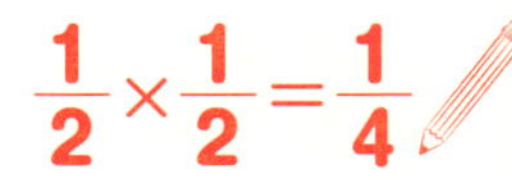

$$\frac{1}{2}\times\frac{1}{2}=\frac{1}{4}$$

これを全体からひいて…

$$1-\frac{1}{4}=\frac{3}{4}$$

これを、余った事象を考えることから「**余事象**」というんだ。

check point ▶ 余事象

事象Aに対して「**Aが起こらない**」という**事象**を**Aの余事象**という。

確率xでAが起こるとき、**Aが起こらない確率＝1−x**

寺坂君みたいなタイプには
しらみつぶしに数える方法もオススメですがねぇ。

さぁ、これらを踏まえてゲームに戻ろうか。

殺せんせー 危機一髪ゲーム

赤玉：6個

青玉：4個

緑玉：2個

黄玉：2個

合計14個の色玉が入った袋の中から殺せんせーが玉を
2個取り出します。次の①～④のうち、ひとつにかけて
当たったら殺せんせーへの攻撃チャンスがもらえます。

❶ 1個目に緑玉を取り出す。

❷ 2個の赤玉を取り出す。

❸ 2個の青玉か2個の黄玉を取り出す。

❹ 1個以上の黄玉を取り出す。

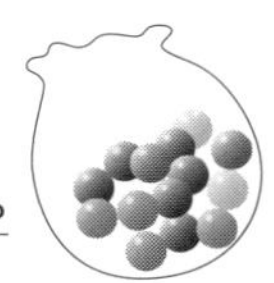

この問題さっきの樹形図で書くと**14×13＝182通り**だ。
俺たちは効率的に解くから、寺坂はさっさと書き出してろ。

うるせーッ!!!

❶ 1個目に緑玉を取り出す確率。

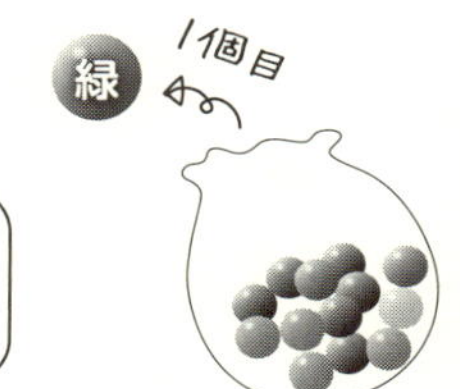

これは簡単だぜ。緑玉は2個しか入ってねえってことは…。

$$1個目に緑玉を取り出す確率 = \frac{緑玉の個数}{全部の玉の個数} = \frac{2}{14} = \frac{1}{7}$$

❷ 2個の赤玉を取り出す確率。

2個の赤玉ということは、言い換えれば1回目に赤を取り、さらに2回目にも赤をとる確率だ。寺坂、1回目と2回目で違うのはなにか分かるか?

全体の玉の数が減るんじゃねーのか。

そのとおり。このように1回目が赤という条件の元で、さらに2回目の確率を求める時には**条件付き確率**を使う。簡単にいえば条件を考慮して1回目の確率と2回目の確率をかければいい。

check point ▶ 条件付き確率

事象A(確率x)のあとに事象Bが起こる確率は
x×(Aが起こった状況でBが起こる確率)

さっきの積の法則とはどう違うんだよ。

1回目と2回目が関係なく起これば積の法則だね。1回目に取った玉を一度袋に戻して2回目をとるルールならこっちを使う。

2個の赤玉を取り出す確率

$$=\frac{1\text{回目の赤玉の個数}}{1\text{回目の全部の玉の個数}}\times\frac{2\text{回目の赤玉の個数}}{2\text{回目の全部の玉の個数}}$$

$$=\frac{6}{14}\times\frac{5}{13}=\frac{15}{91}$$

❸ 2個の青玉か2個の黄玉を取り出す確率。

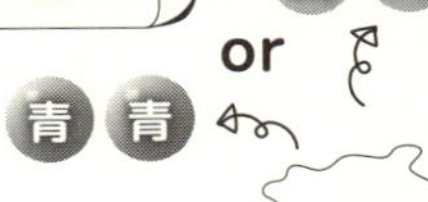

ここは条件付き確率と
和の法則、2本の刃で殺れる。

2個の青玉を取り出す確率 $=\frac{4}{14}\times\frac{3}{13}=\frac{6}{91}$

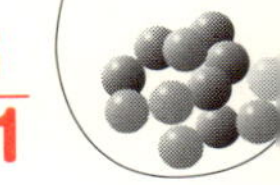

2個の黄玉を取り出す確率 $=\frac{2}{14}\times\frac{1}{13}=\frac{1}{91}$

2個の青玉「か」ってことは、この2つたせるんじゃねーの?

2個の青玉か2個の黄玉を取り出す確率

＝2個の青玉を取り出す確率＋2個の黄玉を取り出す確率

$$=\frac{6}{91}+\frac{1}{91}=\frac{7}{91}=\frac{1}{13}$$

調子が出てきたじゃないか。
確率は問題文に使われている接続詞に注目すると
解法が見えてくるね。

❹ 1個以上の黄玉を取り出す確率。

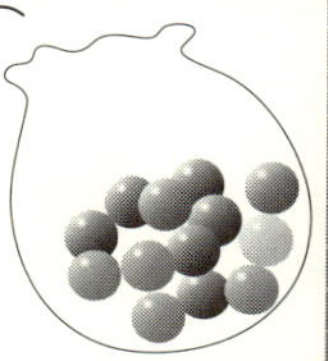

1個以上、すなわち
「少なくとも1つ」だ、こんなときは…。

余事象だろ！

この馬鹿の理解をここまで
高めた竹林に敬意を表する。

1個も黄色が出ない確率を
引きゃいいんだから…。

1個以上の黄玉を取り出す確率

＝1－(2個とも黄玉以外を取り出す確率)

$$=1-\frac{1回目の黄玉の個数}{1回目の全部の玉の個数}\times\frac{2回目の黄玉の個数}{2回目の全部の玉の個数}$$

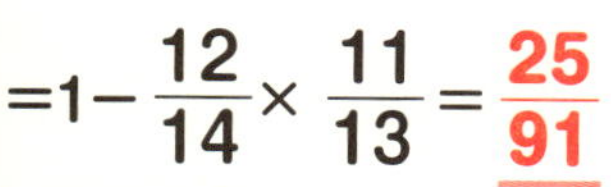

$$=1-\frac{12}{14}\times\frac{11}{13}=\frac{25}{91}$$

おーし、答えは❹だ！ 引くぜええ！！！

あ、どっちも赤…。

まぁあくまで確率だから
絶対ということはないね。

くそおおおお！！

まとめ

❶ 1個目に緑玉を取り出す確率は $\frac{1}{7}\left(=\frac{13}{91}\right)$

❷ 2個の赤玉を取り出す確率は $\frac{15}{91}$

❸ 2個の青玉か2個の黄玉を取り出す確率は $\frac{1}{13}\left(=\frac{7}{91}\right)$

❹ 1個以上の黄玉を取り出す確率は $\frac{25}{91}$

「確率」の練習問題にチャレンジ！
正解したらチェック欄にチェックを入れよう！
⇒解答・解説はP.242をチェック！

チェック欄

□□　①　赤，青，白の3本のくじから1本を取り出し，色を確認して元に戻した。この操作を2回行って，赤を2回または白を2回引く確率を求めよ。〈宮城県〉

□□　②　下の図のように，1，2，3，4，5の数字を1つずつ記入した5枚のカードがある。このカードをよくきって，1枚ずつ2回続けて取り出す。1回目に取り出したカードを十の位の数，2回目に取り出したカードを一の位の数として，2けたの整数をつくるとき，この整数が，35以上になる確率を求めなさい。
ただし，取り出したカードはもとにもどさないものとする。〈三重県〉

1	2	3	4	5

□□　③　下の図のように，1，2，3，4，5の数字を1つずつ書いた5枚のカードがある。この5枚のカードの中から2枚を同時に取り出すとき，その2枚のカードの数字の和が偶数になる取り出し方は何通りあるか，求めなさい。〈北海道〉

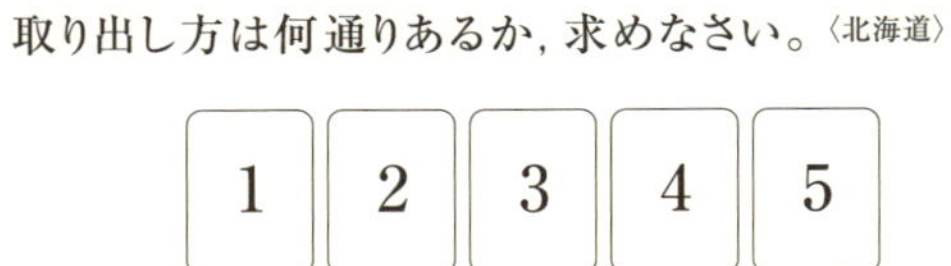

□□　④　3枚の硬貨A，B，Cを同時に投げるとき，1枚が表で2枚が裏になる確率を求めなさい。〈北海道〉

チェック欄

□□ ⑤　2つのさいころA, Bを投げるとき, 出た目の数の和が5の倍数となる確率を求めよ。ただし, さいころはどの目が出ることも同様に確からしいものとする。〈高知県〉

□□ ⑥　図のような立方体があり, 点Pはこの立方体の辺上を次の規則に従って移動する。

【規則】

1 最初, 点Pは頂点Aにある。

2 1秒後には, 点Pは隣り合う頂点のいずれかに移動して止まる。
このとき, 移動後の頂点は3通りあり, どの場合が起こることも同様に確からしい。

3 1秒ごとに2を繰り返す。

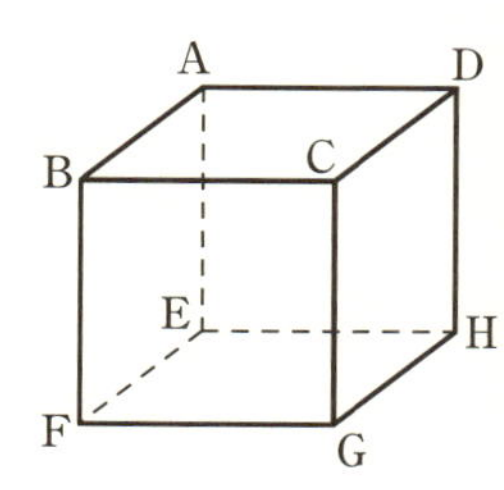

例えば, 点Pが1秒後に頂点Bに止まると, その1秒後には頂点A, C, Fのいずれかに止まる。
その経路はそれぞれA→B→A, A→B→C, A→B→Fである。
次の問いに答えなさい。〈兵庫県〉

(1)　2秒後に点Pが頂点Aに止まる確率を求めなさい。

(2)　3秒後に点Pが頂点Gに止まる確率を求めなさい。

(3)　点Pが3秒後まで移動するとき, 1秒後, 2秒後, 3秒後に止まる頂点をそれぞれ直線で結んで図形をつくる。
このとき, できる図形が三角形になる確率を求めなさい。

3年E組数学レポート
担当：寺坂竜馬
奥義！寺坂千裂指弾！
お前はもう両手で1024まで数えられる！
両手で数えられるのが10までじゃないって知ってたか？　これ覚えておけば、数えるの楽になるかもしれねーぜ。
親指から順に1、2、4、8、16と数をわりふるのを、まずは覚えな。んで、図のように5本の指にわりふった数をたすと、0〜31まで32通りの数を表すことができるぜ。
片手で32通りってことは両手だと64通りってことか？
ちげーよ、両手だと32×32になんだよ。
つまり五本の指だけで1024まで数えられるってことさ。
すげーな、それ。ラーメンの注文とるときに役立つかもな。
お前んちのラーメン屋にそんなに客が来るわけねーだろ。
片手でも多いわ。

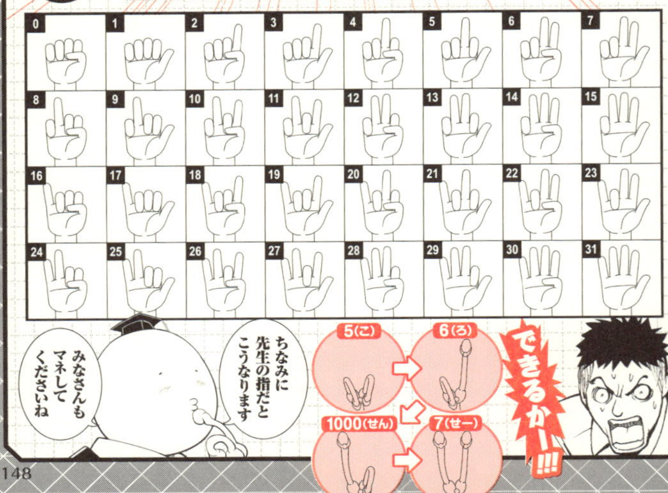
0
1
2
3
4
5
6
7
8
9
10
11
12
13
14
15
16
17
18
19
20
21
22
23
24
25
26
27
28
29
30
31
ちなみに先生の指だとこうなります
みなさんもマネしてくださいね
5(こ)
6(ろ)
1000(せん)
7(せー)
できるかー!!!

第3章

中3数学

小説 千葉&速水の時間 #4

学習範囲

- □ 式の展開と因数分解
- □ 平方根(ルート)
- □ 2次方程式
- □ 関数$y=ax^2$
- □ 相似な図形
- □ 三平方の定理
- □ 円
- □ 標本調査

ヌルフフフ

中3数学は実戦(入試)に多くでる問題が盛りだくさんです

ここを仕上げずして一流の暗殺者にはなれません

数学

#4 千葉&速水の時間

放課後になった。

帰ったと思われた千葉が、大きな鏡を何枚も教室に持ち込んできた。

「どうしたの？」

速水だった。ちょうど帰ろうとしたタイミングで、千葉と鉢合わせになったのである。

「ちょっと付き合ってくれないか？」

そう言うと、速水の答えも聞かず、千葉は教室に入っていった。

「なにしてんの？」

誰もいなくなった教室の壁に、千葉が鏡をガムテではりつけていく。

「昼休みの続き。悪いけど、また風船しかけてくれるか？
場所はさっきの机の上で」

「ちゃんと測らなくていいの？」

「ああ」

昼休みに試した時は、標的の位置も射手の位置も、正確に計測して決めなければならなかった。だが、今度はそうではないらしい。

速水は、千葉が渡してきた風船をふくらませてから、指示されたの机の上にテープではりつけた。

「ありがとう」

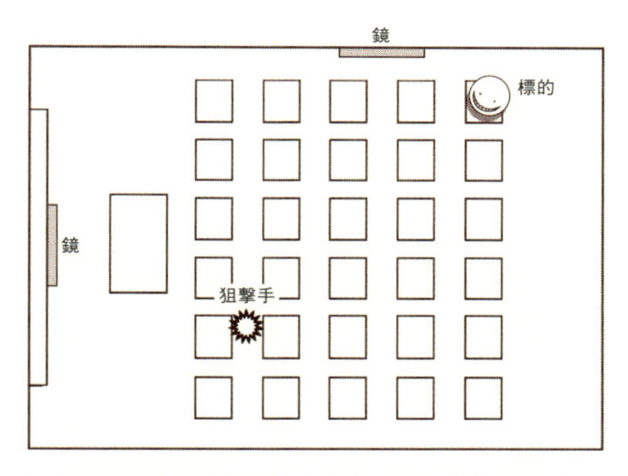

【図解】図形問題を解かず、直接狙撃する方法として千葉が岡島の行動をヒントに考えついたもの。跳弾させる壁に鏡を取り付け、そこに写った標的を狙撃する。

千葉は黒板に貼り付けた鏡に向かうと、ゆっくりと移動して立ち位置を決めた。そうして、エアガンを構え、鏡に向かって引き金を引いた。

パン。

風船の割れる音が響いた。

千葉の撃ったBB弾は、黒板の鏡に当たって跳ね返り、さらに廊下側の壁に貼った鏡に当たってから、風船に命中したのだった。

「悪い、風船もう一個頼めるか？」

速水はうなずいて、新しい風船に取り替えた。

千葉はほんの少し立ち位置を変え、さっと銃を持ち上げて撃った。ふたたび風船が割れる。速水が手を打った。

「あ、なるほど。鏡に映った標的を狙ってるんだ」

【図解】鏡越しに写った殺せんせーの顔を描いた風船。
千葉はこれを狙って完璧に命中させることに成功した。

「うん。さっき岡島がやってたの、狙撃でも同じだって気づいてさ」

千葉が答える間に、速水が風船を替える。

速水が標的から離れると同時に、千葉は鏡の向こうに狙いをつけ、三発目を撃った。見守る速水の目の前で、狙い通り風船が弾け飛んだ。

殺(ころ)せんせー暗殺用に強化してある銃とはいえ、中心を捉えなければ風船を割るのは難しい。それを、千葉は三発ともきれいに命中させて見せたのだった。
「BB弾の反射も、まっすぐ飛んできちんと跳ね返ってくれれば、光の反射と変わらないはずなんだ。この距離なら、思い通りに当てられる。ちょっとコツはいるけど」

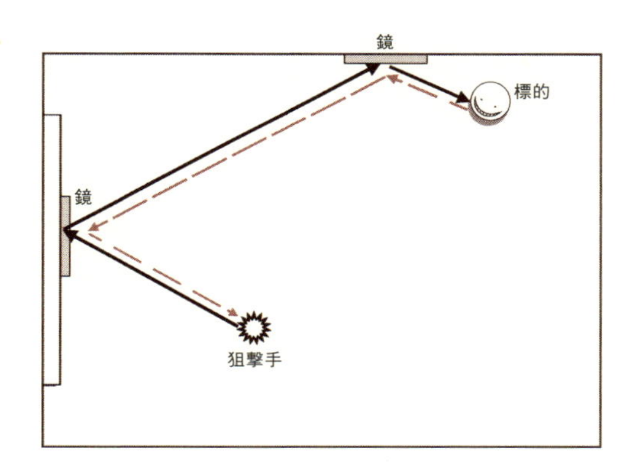

【図解】千葉が実際に狙撃した弾道。理想的に跳ね返った弾は、光の反射と同じ軌道を取る。特に計算したり、位置を計測しなくても命中させることができた。

「でもさ」
　銃を置いた千葉に、速水が指摘した。
「どこでも鏡があるわけじゃないでしょ？」
「わかってる」
　そうなのだった。このやり方なら、計算なしでかなり正確に標的を狙える。問題は、こんなに都合よく鏡があるわけがないことと、仮に鏡があったとして、相手からもこちらが丸見えだということだった。
「でも、答えに近づいている気もするんだ」
「そうだね。私もそんな気がする」
　速水が歯を見せて笑う。千葉も、それに答えて微笑した。
「問題は、ここからどう進めばいいか、さっぱりなことなんだけど」
　千葉はそう言って引いた椅子に座り、カバンから取り出したノートを開いて目を落とした。
「なんとか、計算しないですませる方法はないかな……」
　もともと千葉は図面を引いたり、測量するのが趣味のようなものだった。今回の跳弾を利用した狙撃も、同じ要領でもっと効率的にできるのではないか。そんな直感があった。
「そういえばさ、速水。さっきなんて言ってたっけ？」
　ふとひらめくものがあって、千葉は顔を上げて、近くに立ってノートをのぞき込んでいる速水にたずねた。
「なんて言ったって？」
「ほら、鏡の標的がどうとか」
「ああ、鏡の向こうに見える標的を狙って撃ってるんだって」
　千葉は口もとに手を当て、じっと考え込んだ。
「どうしたの？」
　突然、千葉は立ち上がり、貼った鏡を二枚はがして持ってきた。そうして、ノートに描いた教室の、ちょうど黒板と廊下側の壁に鏡を立て、顔を間近に寄せてのぞき込む。
　長い間があった。千葉は顔を上げ、速水に向き直った。
「速水、おまえすごいな！　そうか、どうしてこんな簡単なことに気づかなかったんだ」
「な、なに？」
　突然テンションの上がった千葉に速水は戸惑った。長くE組で彼を見てきたが、これほど嬉しさの表情を表したのはあまり記憶にない。
　千葉は鏡を置いて、椅子に腰を下ろしてノートに向かった。
「仮に黒板と壁が全部鏡だったら、こんなふうに見えるだろ？」

【鏡に写った教室のイメージ】

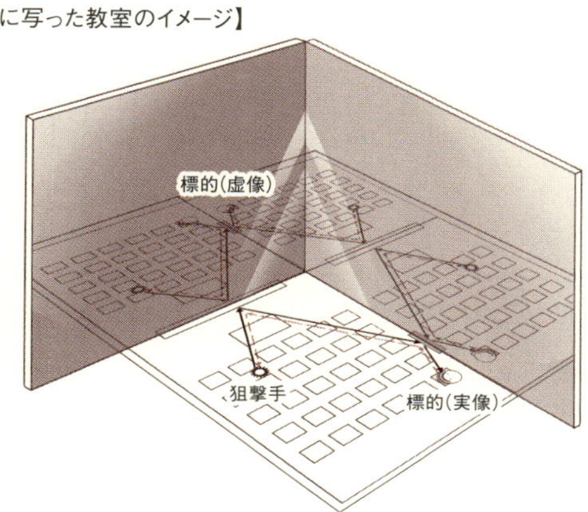

　教室の見取り図と隣り合わせに、千葉は標的も含めた鏡写しの図を、三角定規やコンパスを使って精密に作図していく。

「それから、この二つの鏡写しの間にも、こんなふうに教室が見える」

千葉が描いたのは、黒板と廊下側の壁の角を中心にして、180度回転させた教室の図だった。

「で、黒板への射線をそのまま伸ばすと——」

射手から黒板に向かう直線を、定規を使ってざっと伸ばすと、その線は、180度回転した教室の図にある標的を貫いていた。

【鏡写しの教室の平面図】

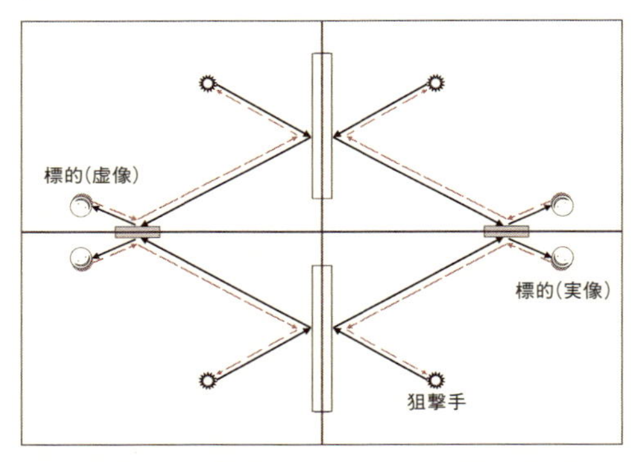

【図解】教室の平面図上に鏡を立て、鏡を使った狙撃の原理を検証している図。鏡に写った部屋の平面図をそのまま図面に書き足すと、上記のようになる。射点から直線で結ばれた標的の虚像を狙えば、跳弾して本物の標的に命中することになる。

「どうだ?」

シャーペンの先でノートをつつきながら、千葉は速水に向かって口もとを歪めて笑った。

「すごいね！」

図を見下ろす速水も、興奮気味の口調でそう答える。

「速水のさっきの言葉がなけりゃ、思いつかなかったかもしれない。気がつけば単純なことだけど……」

その言葉に、速水が笑顔を返した。

そして翌日。

やはり千葉は放課後まで残って計算を進めていた。

速水がのぞき込むと、昨日とは一転して、その顔には憂鬱の色が現れている。

「どうしたの？」

「考え方は間違ってないはず。だけど問題はここからなんだ。外での跳弾狙撃は、教室や黒板のようには単純じゃない」

千葉のノートにはびっしりと、様々な事態を想定したシミュレーションが書きこまれていた。一日でよくここまで、と速水は舌を巻く。理論にしたがって真摯に突き詰める姿勢は、自分には到底真似できない。

「狙撃を行う場所、跳弾をさせる壁の形状、天気や気流、弾の減衰や反発力……不確定な要素を考えればきりがないんだ。」

いざ本番を想定すると、千葉ほどの人間でも不安になるのだろう。速水が励ます。

「肩の力抜きなよ。千葉が正しいと思ってるなら、その理論、間違ってないと思う」
「そう言ってくれるのは嬉しいけどな……」
　不安が晴れない千葉を見て、速水は事もなげに言った。
「不確定な所は、勘で埋めたらいいんだよ」
　千葉が怪訝な顔で速水を見上げた。「勘」とはまた、この計画のテーマに合わない事を言う。
　すると速水は教室をざっと見渡し、つぶやいた。
「花瓶、ガムテープ、殺せんせー」
　何の事…と千葉が聞く前に、速水は脚に仕込んだ小型の拳銃を抜くが早いか、目にもとまらぬ速さで三発撃った。
　一発目、教卓の花瓶の口にBB弾が跳ねた。
　二発目、千葉が剥がし忘れたガムテの上で弾が弾ける。
　三発目、やはりそのままになっていた殺せんせーの風船の欠片が、さらに千切れ飛んだ。
　三つの標的との距離は10メートル足らず。だが、ろくに狙いも定めずに一瞬で全弾命中させるのは、神業と言っていい。
　正確な計算でクラス一遠い標的に当てられる千葉も、彼女のこの感性的な射撃は真似できなかった。
　呆然と見上げる千葉に、速水が笑って見せた。
「もし、現場で千葉が自分の理論に自信が持てなくなったら、最後に私が勘で撃つよ。互いにできない狙撃ができる。私たちがコンビを組めば、当てられない標的なんてないよ」

千葉はしばらく速水の顔を見つめていたが、笑顔になってこう答えた。
「ありがとう」
　それから千葉は製図道具と方眼紙を持ち込んで、本格的に理論の詰めに入った。
　条件を洗い出せば洗い出すほど理論は複雑になっていったが、速水のおかげもあって、細部は思い切って単純化することができた。
　机の上で綿密に組んだ理論と、暗殺生活で養った経験に基づく勘。
　二つを合わせればきっとうまくいく。千葉の中に確信が生まれていた。

　気がつくと、窓から差し込む夕日で教室は真っ赤に染まっていた。
「校舎の中には君等だけか？」
　不意の声に、千葉と速水が顔を上げる。
　烏間（からすま）だった。
「残っている生徒への業務連絡だ。例のスナイパーだが、もう近くまで来ていて、早速暗殺にかかるそうだ。くれぐれも邪魔をしないように、との事だ」
「え、もうですか？」
　千葉が立ち上がると、烏間が片眉を吊り上げた。
「驚くようなことでもないだろう？　一流の暗殺者は行動

も早い。下手に間をおいて、いいことはあまりないからな」
　二人は目を合わせ、うなずきあった。
　殺せんせーの居場所は、校庭でキャッチボールをしていた杉野と木村が知っていた。椚ヶ丘商店街で今日から始まった、入間物産展に行くと話していたという。
　二人は、職員室から大判の方眼紙と製図用具、それに狙撃用のエアライフル一式を手に学校を飛び出した。
「なにをするのも自由だが、スナイパーの邪魔だけはするな。相手はプロだ、仕事を妨害されたら、なにが起きるかわからんぞ」
　二人の背中に向かって、烏間の声が飛んだ。
　もちろん、二人にプロの邪魔をするつもりはない。ただ、自分たちの手と、皆の協力で作り上げた暗殺方法を、あわよくば試してみたかった。もしも伝説のスナイパーが上手で、先に殺せんせーを暗殺されてしまったとしても、トライした分だけ後悔は無いのだから。

式の展開と因数分解

たとえどんな強敵が相手でも、対抗する手段はあるものです!!

殺せんせー

例題

さて寺坂君、この数式、5秒で**因数分解**してください。

$$8a^3+27b^3$$

5秒とかできるわけねーだ…

$(2a+3b)(4a^2-6ab+9b^2)$

ばーか、そんな勘で合ってるわけねーだ…

正解です。村松くん、やりますねぇ。

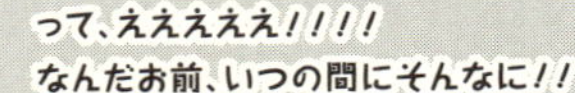

って、えええええ!!!!
なんだお前、いつの間にそんなに!!

ふふふふ、こないだヌルヌル講習でやったのよ、知ってるやつと知らないやつで差がつく公式ってやつを。

ざっけんなずりーぞ!俺にも教えろ。

では、まず基礎からヌルヌルいきましょう。
かっこを外すだけですが、
これが基本の考え方になってきます。
分配法則自体は中1でも殺りましたね。

check point ▶ 展開 分配法則

未知展開の基本の法則 〜分配法則〜

加減（たし算とひき算）と**乗除**（かけ算とわり算）についての法則です。

$$a(b+c) = ab + ac \qquad (x+y) \div z = \frac{x}{z} + \frac{y}{z}$$

分配法則

分けても答えは等しい

○×(△+□)=○×△+○×□

まとめても答えは等しい

○×△+○×□=○×(△+□)

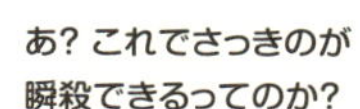

あ? これでさっきのが
瞬殺できるってのか?

まぁそう焦らずに。
この考え方を応用して**公式化**したのが
次のページのこちらです。

check point ▶ 展開の公式

～ワン・ポイント詳細～

$$m(a+b) = ma+mb$$

$$(a+b)^2 = a^2+2ab+b^2$$

$$(a-b)^2 = a^2-2ab+b^2$$

$$(a+b)(a-b) = a^2-b^2$$

$$(y+a)(y+b) = y^2+(a+b)y+ab$$

$$(a+b)^3 = a^3+3a^2b+3ab^2+b^3$$

$$(a-b)^3 = a^3-3a^2b+3ab^2-b^3$$

$$(a+b)(a^2-ab+b^2) = a^3+b^3$$

$$(a-b)(a^2+ab+b^2) = a^3-b^3$$

$$(a+b+c)^2 = a^2+b^2+c^2+2ab+2bc+2ac$$

な、なるほど…。
かけ算の形をできるだけ簡略化して
覚えれば、メチャクチャ楽だな…。

では次に因数分解の公式と手順も見ていきましょう！
因数分解は簡単に言うと、**「式を単項式や多項式のかけ算だけの形になおす」**ことですよ。

check point ▶ 基本 因数分解の公式

$$ap+bp=(a+b)p$$

$$a^2-b^2=(a-b)(a+b)$$

$$a^3-b^3=(a-b)(a^2+ab+b^2)$$

$$a^3+b^3=(a+b)(a^2-ab+b^2)$$

$$a^n-b^n=(a-b)(a^{n-1}+a^{n-2}b+\cdots\cdots+b^{n-1})$$

$$a^2+2ab+b^2=(a+b)^2$$

$$a^2-2ab+b^2=(a-b)^2$$

$$p^2+(a+b)p+ab=(p+a)(p+b)$$

$$acp^2+(ad+bc)p+bd=(ap+b)(cp+d)$$

暗殺は平常心、普通であることが大事。
かっこ（格好）つける展開はいけないのです！
我ながら上手い！ ヌルフフフ…。

check point ▶ 因数分解の手順1

$xy^2+(a+b)xy+abx$ を例にとって考えてみましょう。

① 共通因数をくくりだす。

たし算やひき算で結ばれている項どうしで、
同じものがないか調べて、あればそれをくくりだします。

（例）xy^2 と $(a+b)xy$ と abx では x **が共通因数**
なのでこれをくくりだします。

$$xy^2+(a+b)xy+abx = x(y^2+(a+b)y+ab)$$

② 公式を使う。

ここでは $y^2+(a+b)y+ab$ に対して、
因数分解の公式を使います。

$y^2+(a+b)y+ab=(y+a)(y+b)$ なので、
$x(y^2+(a+b)y+ab)=\underline{x(y+a)(y+b)}$ となります。

check point ▶ 因数分解の手順2

では、共通因数がなく、公式も使えない場合は
どのようにすればよいでしょうか？
そのような場合は次のように変形してみましょう。

① 最低次数の変数について整理する。

（例）$a^3+3a^2+2ab+6b$
a の次数：3　　b の次数：1
最低次数の変数は b なので b で整理すると、

$$a^3+3a^2+2ab+6b = (2a+6)b+(a^3+3a^2)$$
$$= \underline{2(a+3)b+(a+3)a^2}$$

② 共通因数をくくりだす。

ここで、共通因数：$a+3$ があるので、くくりだす。

$$2(a+3)b+(a+3)a^2 = \underline{(2b+a^2)(a+3)}$$

「式の展開と因数分解」の練習問題にチャレンジ！
正解したらチェック欄にチェックを入れよう！

⇒解答・解説はP.245をチェック！

チェック欄

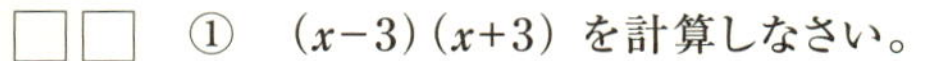

□□ ① $(x-3)(x+3)$ を計算しなさい。

□□ ② $4x^2-81$ を因数分解しなさい。

□□ ③ $-2yx^3+2y$ を因数分解しなさい。

平方根(ルート)

根っこを求める単元よ。√(ルート)が入るだけで計算がぐっとややこしくなるから注意しなさい!

ビッチ先生(せんせい)

例題

ビッチ先生に言われたとおり、
3人で手分けして公園で
花見の場所取りしてきたぜ。

僕が14m四方の、杉野(すぎの)が7m四方、カルマが5m四方のシートだから、全部の面積を求めてたすと…

$$14^2+7^2+5^2=196+49+25=270\text{m}^2$$

う〜ん、なんか面積できいても
どんくらいの広さなのか
ピンとこないわね〜。

せめてシートと同じ

しやすいんだけどね。

平方根使えばもうちょいピンとくるかもよ。渚(なぎさ)、合計の面積を正方形の形にあてはめると一辺が何mになるかわかる?

えっと、正方形の面積だから
270=x(一辺の長さ)²
になってればいいってことだよね。

あたり。2乗して270になるこの時のxを、**270の平方根**っていうんだよね。平方根には元の数に

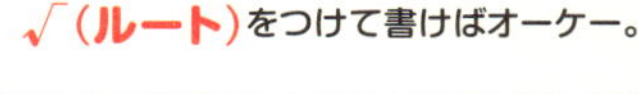

√(ルート)をつけて書けばオーケー。

check point ▶ 平方根の計算

平方根とは

●×●＝▲となるときに、√▲＝●と定義される。

（例） $5\times5=25$ なので、$\sqrt{25}=5$

平方根の計算

- $\sqrt{●}\times\sqrt{●}$ は●になる。

（例） $\sqrt{5}\times\sqrt{5}=5$

- ルートどうしのかけ算は、ルートの中の数どうしをかけてルートの中に入れる。

（例） $\sqrt{2}\times\sqrt{3}=\sqrt{6}$

- ルートどうしのわり算は、ルートの中の数どうしをわってルートの中に入れる。

（例） $\sqrt{6}\div\sqrt{3}=\sqrt{\frac{6}{3}}=\sqrt{2}$

- たし算やひき算はルートの中に入らない。

（例） $\sqrt{2}+\sqrt{3}=\sqrt{2+3}$ ✕
$\sqrt{5}-\sqrt{3}=\sqrt{5-3}$ ✕

- ルートの中は**素因数分解**して、2乗になっているものは外に出す。

（例） $\sqrt{8}=\sqrt{2\times2\times2}=\sqrt{2^2\times2}$
$=(\sqrt{2}\times\sqrt{2})\times\sqrt{2}$
$=2\sqrt{2}$

P.171へ

特に大きい数の場合は、繰り返し√（ルート）の中を簡単にしていきましょう！

分母に$\sqrt{\ }$があると計算がややこしいので分子だけに$\sqrt{\ }$がある形に整理するんです！

平方根の有理化

分母に平方根があるものは、分母の平方根を分母と分子にかけて分母から平方根を取り除く。

（例）$\dfrac{\sqrt{5}}{\sqrt{7}} = \dfrac{\sqrt{5}\times\sqrt{7}}{\sqrt{7}\times\sqrt{7}} = \dfrac{\sqrt{35}}{7}$

分母と分子に同じ数をかけても値は変わらない。

じゃあ、今回のシートの面積の合計は…。

196m² (14m × 14m) ＋ 49m² (7m × 7m) ＋ 25m² (5m × 5m) ＝ 270m² ($\sqrt{270}$m × $\sqrt{270}$m)

ってことは一辺は$\sqrt{270}$？

もうちょいシンプルにできるよ。

（正方形の面積）＝（一辺の長さ）²

だから

（一辺の長さ）＝$\sqrt{（正方形の面積）}$

ってこと。

杉野、**素因数分解**ってわかる?

check point ▶ 平方根の計算

約数とは1とその数以外の正の整数(自然数)です!

素数とは

▶ 1とその数以外に約数がない数(1は素数に含めない)。

(例) 素数: 2,3,5,7,11, … / 素数ではない:1,4,6, …

素因数分解とは

▶ 数を素数だけのかけ算の形に分解すること。
右のように小さい素数から順にわっていって分解する。

$$\begin{array}{r|r} 2 & 72 \\ 2 & 36 \\ 2 & 18 \\ 3 & 9 \\ & 3 \end{array}$$

ルートの中に2乗の形(平方数)があったらどんどん外に出してくといいよ。

おっし、3の2乗があるから外に出すと

$$\begin{aligned} \sqrt{270}\text{m} &= \sqrt{2\times3\times3\times3\times5}\ \text{m} \\ &= \sqrt{3^2\times2\times3\times5}\ \text{m} \\ &= 3\sqrt{2\times3\times5}\ \text{m} \\ &= 3\sqrt{30}\ \text{m} \end{aligned}$$

$$\begin{array}{r|r} 2 & 270 \\ 3 & 135 \\ 3 & 45 \\ 3 & 15 \\ & 5 \end{array}$$

一辺は$3\sqrt{30}$
$\sqrt{30}$は5と6の間($5^2=25$、$6^2=36$)
だから、一辺はだいたい16mくらいか。

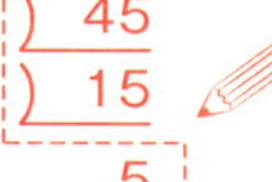

よーし、あんたたち、その調子でクラス28人で分けたときの一人頭のスペースも出してちょうだい!

なんだこの妙な張り切り…。

check point ▶ 有理化の計算

シートの合計面積は270m²。28人で分けると、$\frac{270}{28}$ m²

一辺の長さは、$\sqrt{\frac{270}{28}}=\frac{\sqrt{270}}{\sqrt{28}}$ で、

有理化すると

$$=\frac{\sqrt{3^2\times2\times3\times5}}{\sqrt{2^2\times7}}=\frac{3\sqrt{30}}{2\sqrt{7}}=\frac{3\sqrt{210}}{14}$$

えーと。
じゃあ、この値で計算すると…。

$14^2=196$、$15^2=225$

$14=\sqrt{196}<\sqrt{210}<\sqrt{225}=15$

なので $\frac{3\sqrt{196}}{14}<\frac{3\sqrt{210}}{14}<\frac{3\sqrt{225}}{14}$

$3<\frac{3\sqrt{210}}{14}<3\times\frac{15}{14}$

ってことは 一人頭3mは使えるってことね…。
カラスマの隣に座ったとしても密着度が足りないわね。
クソがきども！ シート1枚取っ払ってきなさい！

このビッチも分解してシートの外に出したろか…！

「平方根(ルート)」の練習問題にチャレンジ！
正解したらチェック欄にチェックを入れよう！

⇒解答・解説はP.245をチェック！

チェック欄

□□ ① $\sqrt{20}+\sqrt{15}\div\sqrt{3}$ を計算しなさい。

□□ ② $\dfrac{5}{\sqrt{7}-\sqrt{2}}$ を有理化しなさい。

□□ ③ $\sqrt{7}$, 3, $\dfrac{6}{\sqrt{6}}$ の大小関係を不等号を用いて表しなさい。

〈宮城県〉

□□ ④ $-\dfrac{7}{3}$ より大きく、$\sqrt{11}$ よりも小さい整数は何個あるか。

〈奈良県〉

□□ ⑤ $\sqrt{216n}$ が自然数となるような最も小さい n の値を求めなさい。

2次方程式

1次方程式で解けなかった問題を解けるようになるのが2次方程式。解ける範囲が広がりますね。

<ruby>律</ruby>

例題

律を除く、クラスの27人が2チーム(チームAとチームB)に分かれて1対1の射撃対決をしたところ、182回の試合が行われた。各チームの人数を求めよ。ただし、チームAの人数の方が多いこととする。

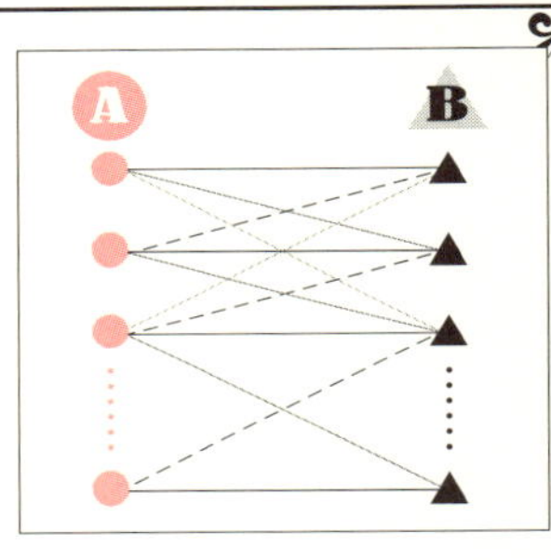

大変申し訳ありません。
訓練の記録をとり損ねてしまいました…。

律、大丈夫! みんな、数式で求めてみようぜ。

イケメンだ…!

でもこれってほんとに数学で分かんのか?
文章題って苦手なんだよな…。

人数と試合数にまどわされちゃったな。
まずは**未知数**を使って試合の数を表してみようか。
Aチームの人数がxとするとどうかな?

教え方もイケメンだ…!

check point ▶ 文章題の立式

文章題を解くときには、**未知数**を用いて、式を作る。
以下の点に気をつける。

① 文章に書かれていることを図示してみる。

下の図のように問題の状況設定を図示することで、
理解しやすくなる。

② 未知数の数を多くし過ぎない。

必要以上に未知数を置き過ぎると、
混乱の原因となる。

③ 何をxやyと置いたのか、はっきりと書く。

解くときに見返して意味を思い出すことができる。

何を未知数に置くかが
ポイントな。

クラス27人

A	B
x人	$27-x$人

↓

試合数：182回

この問題を図示すると、
このようになります。
クラス全員の人数が、27人なので、
xと **$27-x$** と置くことに
注意しましょう。

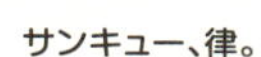

サンキュー、律。
じゃあ**試合数はx使って**
どう表せると思う？

試合数は

(試合数)＝(チームAの人数)×(チームAの対戦相手の人数)

と表される。
(チームAの人数)＝ x人
(チームAの対戦相手の人数)＝($27-x$)人なので、
(試合数) ＝ $x(27-x)$回と表すことができる。

よし、これで問題を数式に変換できた。
xの2乗が入ってるから、2次方程式の形だな。
あとは解くだけなんだけど…。

どーやって解けばいいのか
わかんねーよー!!
いそがいー!!

まぁまぁ落ち着けって、
解き方は大きく分けて3つあるんだ。
じっくり殺っていこうな。

いなし方もイケメンだ…!

check point ▶ 2次方程式の解き方

2次方程式を解くときには、以下の解答パターンを
順に試してみる。

1 $x = a^2$の形 → $x = \pm\sqrt{a}$

2 因数分解できる形 → 因数分解して解く。

3 1も2も出来ない時は解の公式を使って解く。

check point ▶ 因数分解

2次方程式の因数分解方法

1 $ax^2+bx+c=0$ のように方程式を変形する。

$x(27-x) = 182$
$-x^2 + 27x = 182$
$x^2 - 27x + 182 = 0$　　$(a=1,\ b=-27,\ c=182)$

② 「たすきがけ」の図で因数分解をする。

$ax^2+bx+c=0$ を下記の図のように
$(dx+e)(fx+g)=0$ の形に分解すると

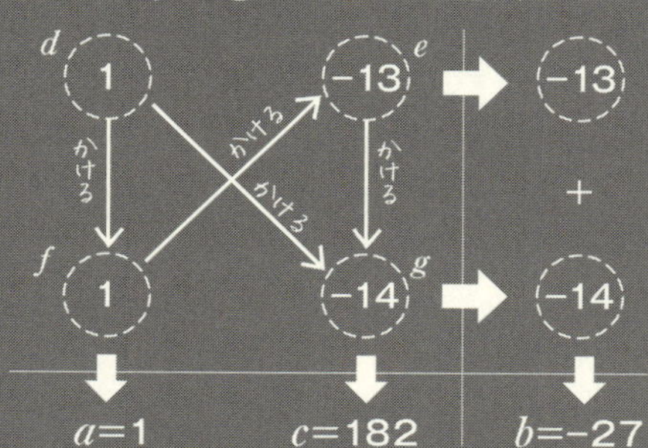
d
1
e
−13
−13
かける
かける
かける
かける
+
f
1
g
−14
−14
a=1
c=182
b=−27

まるでたすきをかけたような配置になるため、
たすきがけという。

クラス27人	
A	B
14人	27−14人 =13人

たすきがけを使って
因数分解した結果、
$(x-14)(x-13)=0$
したがって $x=13,14$
となり、Aチームの方が人数が
多いのでAチーム14人と、
Bチーム13人となります。

なるほど〜たすきがけで解けばよかったんだな!!
ちなみに俺は女子のたすきがけカバンでできる
パイスラッシュがだな…。

汚らわしい…!!!

check point ▶ 解の公式

1 も 2 も使えないときは、解の公式をつかって、解を求める。

$ax^2+bx+c=0$ の解は、

$$x=\frac{-b\pm\sqrt{b^2-4ac}}{2a}$$

こんな複雑なのが公式?

どーにもならないときもあるので
これは覚えるしかないのです。

（例）　$2x^2+8x-3=0$

$a=2,\ b=8,\ c=-3$ なので、

$$x=\frac{-8\pm\sqrt{8^2-4\times2\times(-3)}}{2\times2}$$

$$=\frac{-8\pm\sqrt{64+24}}{4}$$

$$=\frac{-8\pm\sqrt{88}}{4}$$

$$=\frac{-8\pm\sqrt{22\times2^2}}{4}$$

$$=\frac{-8\pm2\sqrt{22}}{4}$$

$$=\frac{-4\pm\sqrt{22}}{2}$$

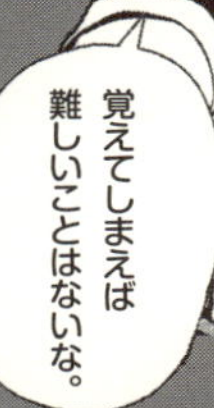

クイ
覚えてしまえば難しいことはないな。

$$\frac{-4\pm\sqrt{22}}{2}$$

「2次方程式」の練習問題にチャレンジ！
正解したらチェック欄にチェックを入れよう！

⇒解答・解説はP.246をチェック！

チェック欄

□□ ① $x^2-6x+9=0$ を解きなさい。 〈宮城県〉

□□ ② $2x^2-13x+15=0$ を解きなさい。

□□ ③ $(x-2)(x+2)=3x$ を解きなさい。 〈秋田県〉

□□ ④ 2次方程式 $x^2+5x-3=0$ を解きなさい。 〈東京都〉

□□ ⑤ 2次方程式 $x(x+3)=6x-1$ を解きなさい。 〈長野県〉

関数 $y=ax^2$

ボールを投げるのは得意だけど、ボールやナイフの軌道が関数 $y=ax^2$ で求められるなんて知らなかったな。よーし、覚えるぞ！

杉野友人（すぎのともひと）

例題

あの高い木から殺(ころ)せんせーを不意打ちしたいんだけど、このナイフ、下まで届くのに何秒かかんだろ？

それがわからないと計画も練れないね…。

ものが落ちるときは $y=ax^2$ を使うといいよー。まずデータとって表作ってみなよ。

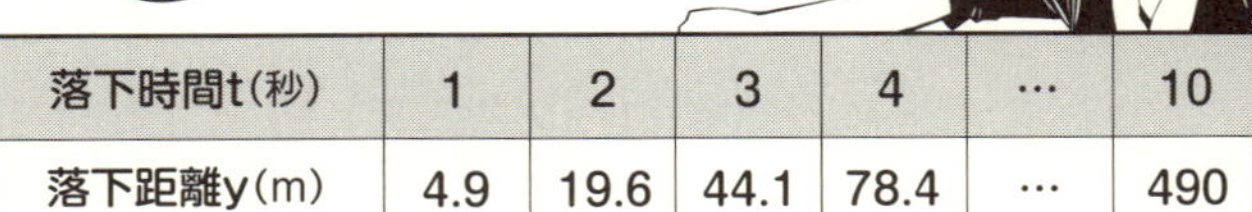

落下時間t（秒）	1	2	3	4	…	10
落下距離y（m）	4.9	19.6	44.1	78.4	…	490

うーん全然わかんねーな。一体どうなってんだ？

じゃあ、ちょっと表を変えてみるか。

落下時間t（秒）	1	2	3	4	…	10
落下時間の2乗 t^2	1	4	9	16	…	100
落下距離y（m）	4.9	19.6	44.1	78.4	…	490

どう? 何か気付いた?

あ! 落下時間の2乗を使うと、落下距離は
いつもその**4.9倍**だ!
2乗すると比例関係が見えてくるんだね!
$y = ax^2$の形にあてはめると…。

$y = 4.9t^2$ってわけか!
じゃあこれ使って早速計画練ろうぜ!

問題

高さ24.5mの木の上から、木の真下にいる殺せんせーにむけて対殺せんせー用ナイフを落とす。落ちるまでの時間を求めよ。

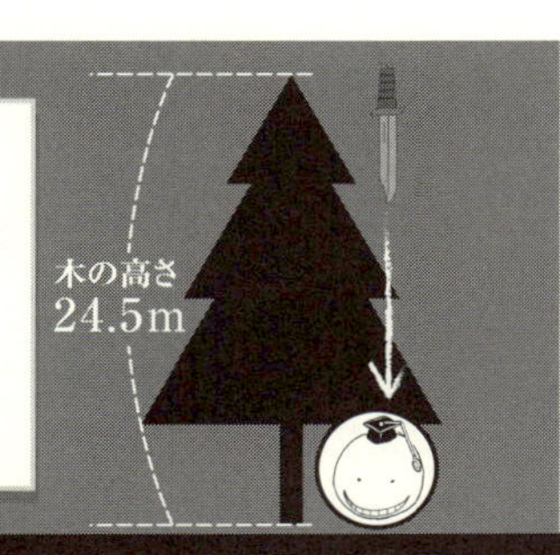

答え

落下距離をym、落下時間をt秒とすると

$$y = 4.9t^2$$

24.5m落ちるとき、$y=24.5$だから、

$$24.5 = 4.9t^2$$

$$t^2 = \frac{24.5}{4.9} = 5$$

よって　$t = \pm\sqrt{5} = \pm 2.236....$

こんな感じか?
答えがプラスとマイナスの
2つになっちゃったな。

こういうときはどっちかが
非現実的な答えになっていることが多いから、
確認すりゃいい。
$\sqrt{5}$秒後に25メートル落下してるのは現実的だけど、
マイナスの時は、落とす$\sqrt{5}$秒前にもう落下してる
ことになっちゃうじゃん？
だからここでは$\sqrt{5}$だけが答え。

なるほど。最後は確認しないとダメなんだな。

じゃあ、いつもの通りグラフも
見てみようか。$y=ax^2$のグラフは
今までの関数とはちょっと違って、
カーブしている。
放物線ともいうね。

直線で結ぶと間違いに
なるから注意だね…。

check point ▶ 関数 $y=ax^2$ のグラフ

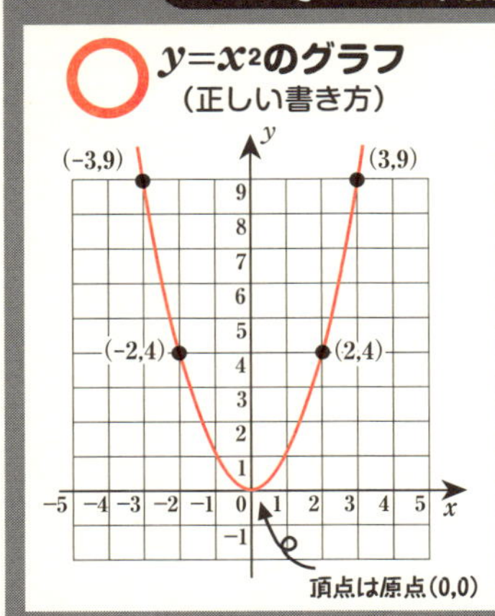

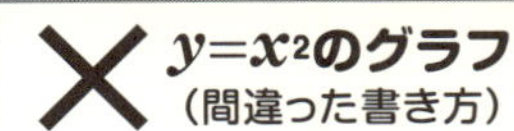

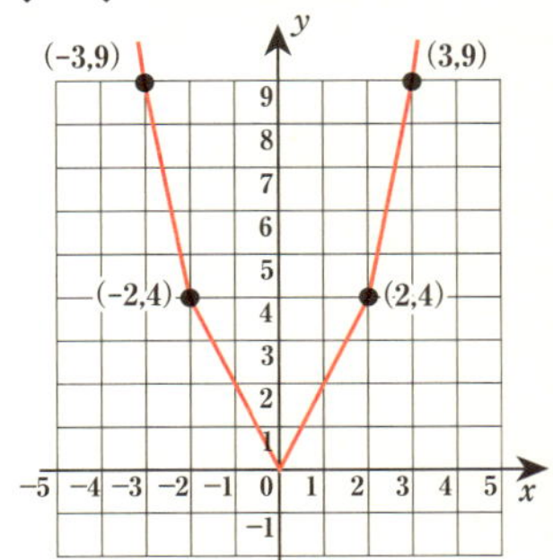

check point ▶ 変化の割合

$y=ax^2$の変化の割合を聞かれたときも、
考えるのは直線なの、注意ね。

$$（変化の割合）=\frac{（yの増加量）}{（xの増加量）}$$

変化の割合は
2つの点を直線で結んだときの
直線の傾きを表す。

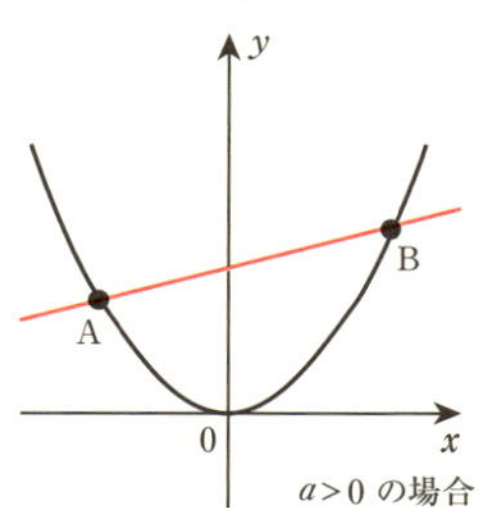

$a>0$ の場合

check point ▶ $y=ax^2$ と直線 $y=bx+c$ の交点

$y=ax^2$と直線の交点は連立方程式

$$\begin{cases} y=ax^2 \\ y=bx+c \end{cases}$$

を解けば求められる。

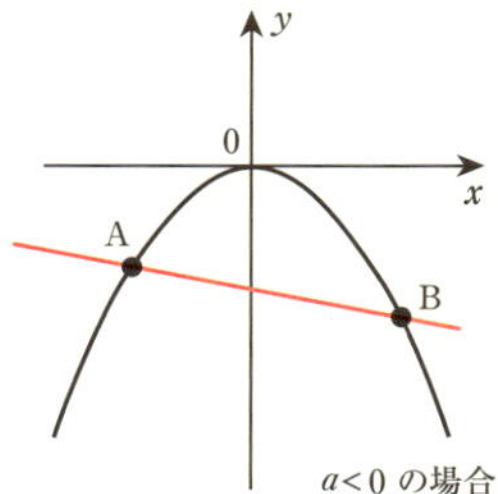

$a<0$ の場合

（例）$y=x^2$ と $y=3x-2$ の交点を求めよ。

$x^2=3x-2$
$x^2-3x+2=0$
$(x-2)(x-1)=0$
$x=1,\ 2$

→ $y=3x-2$に代入して
交点は$(1,1),\ (2,4)$

この式の解き方は
連立方程式と2次方程式でやったな！

「関数 $y=ax^2$」の練習問題にチャレンジ！
正解したらチェック欄にチェックを入れよう！
⇒解答・解説はP.246をチェック！

チェック欄

□□ ①　関数 $y=4x^2$ について、$x=2$ のときのyの値と、$y=36$ のときのxの値を求めなさい。

□□ ②　関数 $y=ax^2$ で、xの値が1から3まで増加するときの変化の割合が2となりました。このとき、aの値を求めなさい。
〈埼玉県〉

□□ ③　関数 $y=ax^2$ で、$x=3$ のとき、$y=6$だった。このとき、aの値を求めなさい。

□□ ④　関数 $y=\frac{1}{2}x^2$ について、xの変域が $-4 \leqq x \leqq 2$ のときの、yの変域を求めなさい。〈愛知県〉

□□ ⑤　次の式で表される放物線と直線の交点を求めなさい。

(1)放物線 $y=x^2$　　直線 $y=x+12$

(2)放物線 $y=-\frac{1}{2}x^2$　直線 $y=3x-8$

チェック欄
□□

⑥　図のように、関数 $y=ax^2$（…❶）のグラフと直線ℓが、2点A,Bで交わっている。点Aのx座標は−6、点Bの座標は(4,−8)である。このとき、次の(1)(2)の問いに答えなさい。

〈宮崎県・改題〉

図

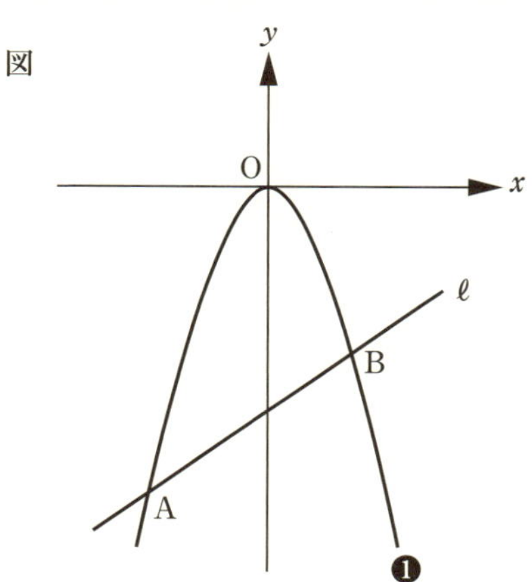

(1)aの値を求めなさい。

(2)直線ℓの式を求めなさい。

相似な図形

拡大縮小すると合同となる図を相似というんだぜ。

菅谷創介（すがやそうすけ）

例題

来週の技術の時間には、みなさんにはこの学校の精密なジオラマを作ってもらいます。暗殺の上達のためにはまずフィールドを知ること！みなさんのクオリティに期待していますよ。ヌルフフフ…。

って殺せんせーはいってたけど、校舎とか木とか、高さが分からねえと話にならんぜ。

手分けして測ってもいいけど面倒だし、「相似」を使えばなんとかできっかな。

掃除？

バカはほっといて次行くぞ。

check point ▶ 相似な図形

定義　2つの図形P,Qのうち、片方の図形を一定の割合で拡大・縮小するともう一方と合同になるとき、**相似の関係である**といい、P∽Qと表す。

性質　2つの相似な図形の対応する角は等しく、対応する線分の比は一定。この比を**相似比**という。

「対応する線分の比が一定」だから、辺だけでなく対角線などの長さも同じ比になるね。

〈例〉四角形ABCD∽四角形EFGHのとき、

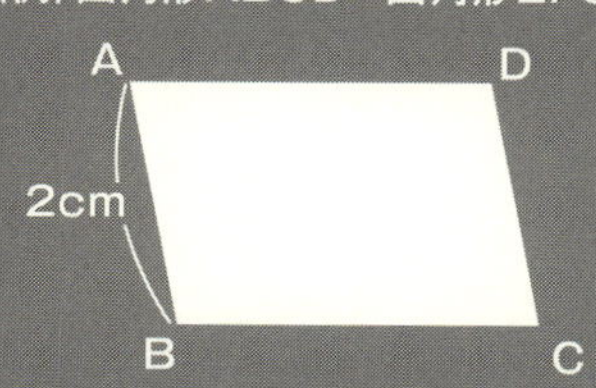

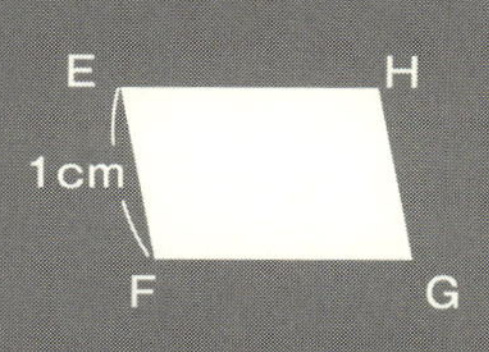

AB:EF ＝ BC:FG ＝ CD:GH ＝ DA:HE ＝ 2:1
∠A ＝ ∠E、∠B ＝ ∠F、∠C ＝ ∠G、∠D ＝ ∠H が成立。

【注意】相似の表記は角が対応するように書くこと!
四角形ABCD∽四角形EGFHなどは間違い。

check point ▶ 相似な三角形の条件

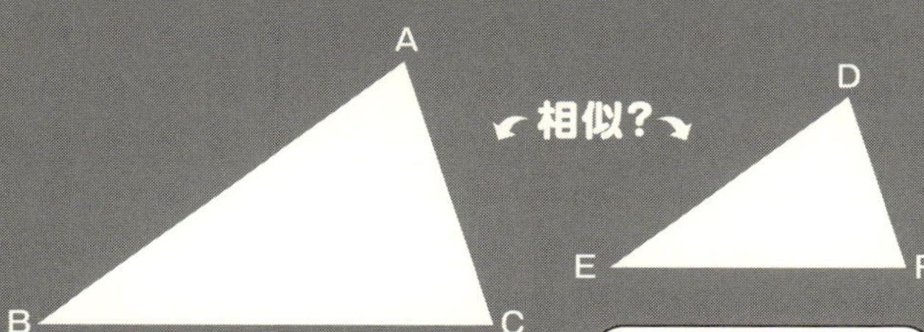

合同の条件とは微妙に
違うから注意が必要だ。

★1 3組の辺の比がすべて等しい。

AB:DE ＝ BC:EF ＝ CA:FD ならば △ABC∽△DEF

★2 2組の角がそれぞれ等しい。

∠A ＝ ∠D かつ ∠B ＝ ∠E
∠B ＝ ∠E かつ ∠C ＝ ∠F
∠C ＝ ∠F かつ ∠A ＝ ∠D

のうちひとつを満たせば △ABC∽△DEF

③ 2組の辺の比と、その間の角がそれぞれ等しい。

AB:DE=AC:DF かつ ∠A = ∠D
BC:EF=BA:ED かつ ∠B = ∠E
CA:FD=CB:FE かつ ∠C = ∠F
のうちひとつを満たせば
△ABC∽△DEF

この条件を使うと、校庭の木の高さは以下のやり方で測れる。

【測り方】

①下図のような△ABCを目の高さに合わせて地面に水平に持つ。
②△ABCの∠Bが木の頂点Dと重なって見える場所Aを探す。
このとき、実は**△ABCと△ADEは相似**になっている。
③相似な図形の辺の比は一定なので、

AC:AE ＝ BC:DE となる。

三角形の辺AC,BC,木と自分の距離AEは測ることができるので、
DEは

$$DE = \frac{AE \times BC}{AC}$$

で計算できる。目線の高さhを足せば、正しい木の高さが測れる。

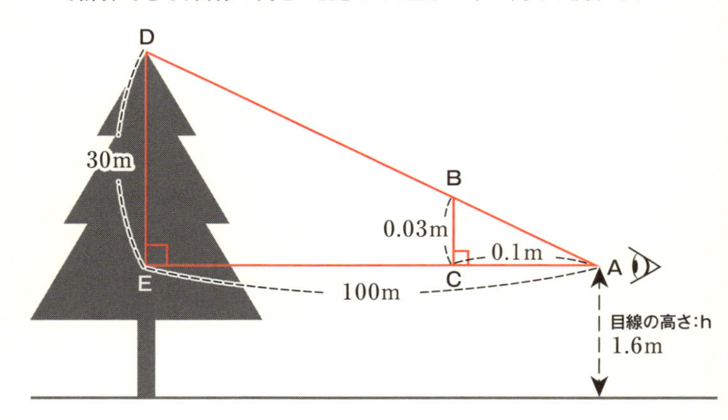

なるほどな、∠Cと∠Eがそれぞれ垂直で、∠Aを共有していて
「2組の角がそれぞれ等しい」から**相似の関係**になるのか。

そうですね。
1727年には富士山の高さが測られるなど
測量の分野でも相似は使われているんです！

check point ▶ 三角形と平行

以下の①～③の図で**BC//DE**なら
2組の角がそれぞれ等しいので、△**ADE**∽△**ABC**となる。

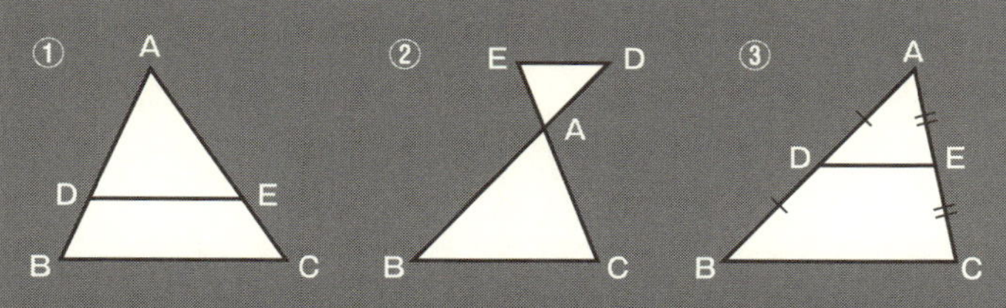

★1 DE//BCならば AD:AB=AE:AC=DE:BC

★2 逆に AD:AB=AE:AC ならば DE//BC

また①、③においては、

★1 DE//BCならば AD:DB=AE:EC

★2 逆に AD:DB=AE:EC ならば DE//BC

特に、③の図のようにD,EがAB,ACの中点
(AD:DB=AE:EC=1:1)にあるとき、
DE//BCかつDE= $\frac{1}{2}$ BCとなり、
特別に**中点連結定理**という。

パターンに慣れれば形で
すぐ「ピン！」とくるな。

check point ▶ 平行線と比

以下のような平行線（ℓ,m,nが平行）において、
直線a,bの交わり方によらずAB:BC＝DE:EFが成り立つ。

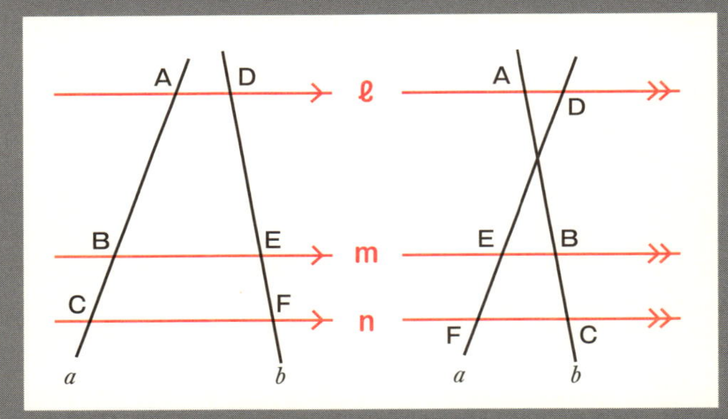

check point ▶ 相似比と面積・体積

相似比がa:bの図形の**表面積比はa^2:b^2**であり、
体積比はa^3:b^3となる。

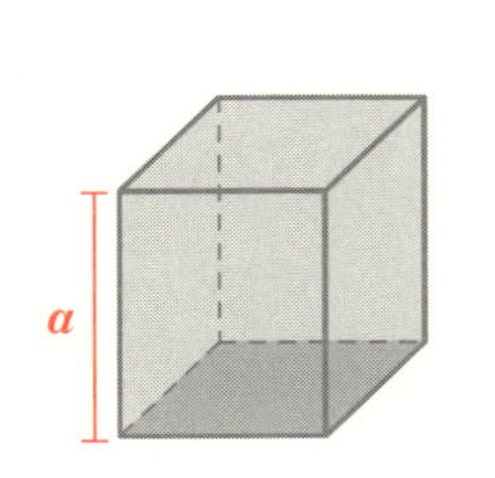

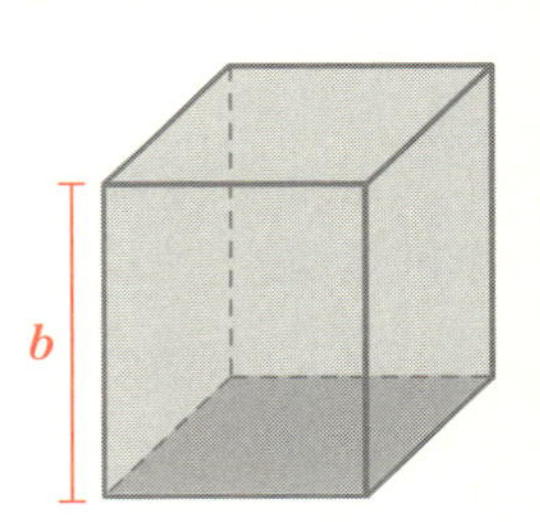

表面積比＝a^2:b^2　**体積比＝a^3:b^3**

「相似な図形」の練習問題にチャレンジ!
正解したらチェック欄にチェックを入れよう!
⇒解答・解説はP.248をチェック!

チェック欄

① 下の図において四角形ABCD∽EFGHであり、BC=12cm,EF=6cm,FG=9cmである。四角形ABCDと四角形EFGHの面積比と、辺ABの長さを答えなさい。〈山梨県〉

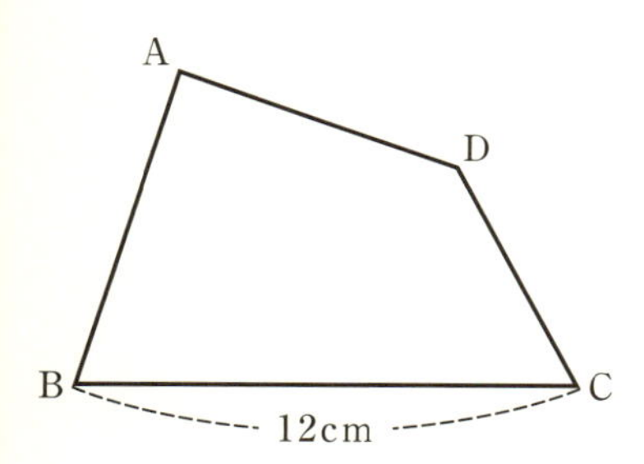

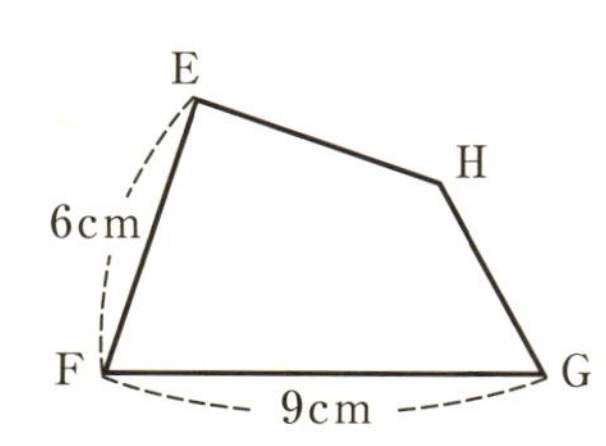

殺すう学者が贈る 殺る気が出る名語録

決して希望を失うな。
どんなに深い穴でも
触手が届くから
(コロキメデス)

[原文]
決して希望を失うな。どんなに深い穴でも綱が届くから
(アルキメデス/紀元前287年?~紀元前212年)

チェック欄

□□ ② 次の図形の中から全ての相似な組合せを答えなさい。

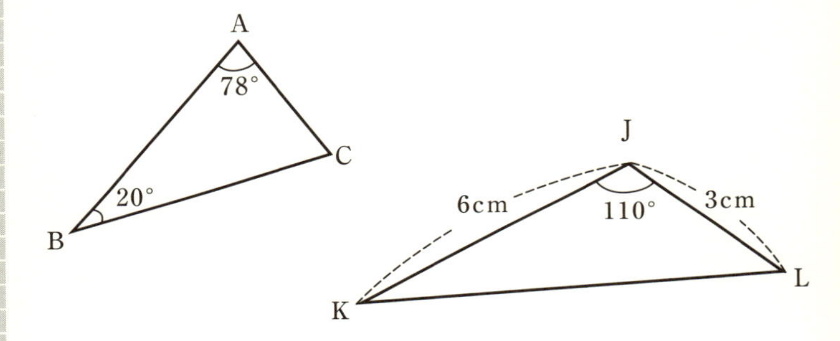

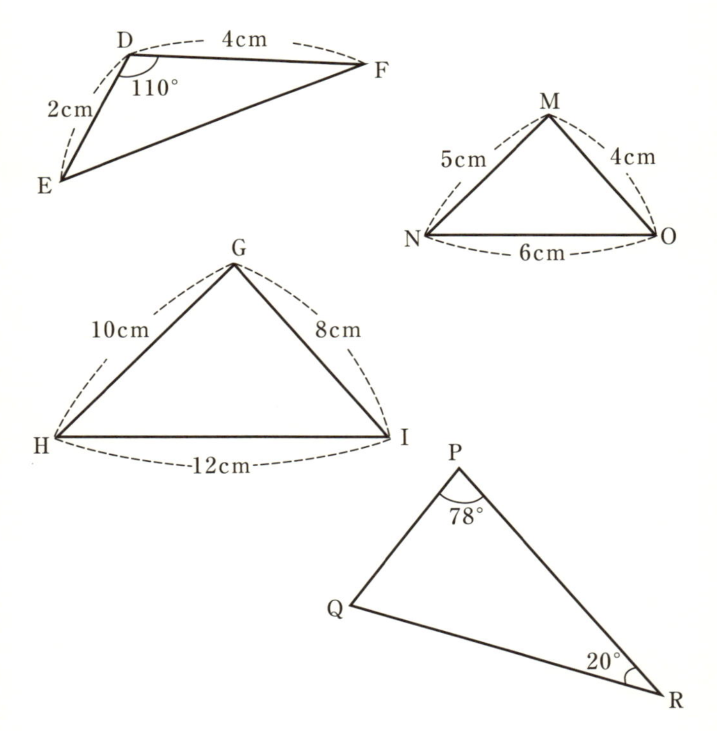

チェック欄

③　下の図で $\ell // m // n$ のとき、xの値を求めなさい。〈青森県〉

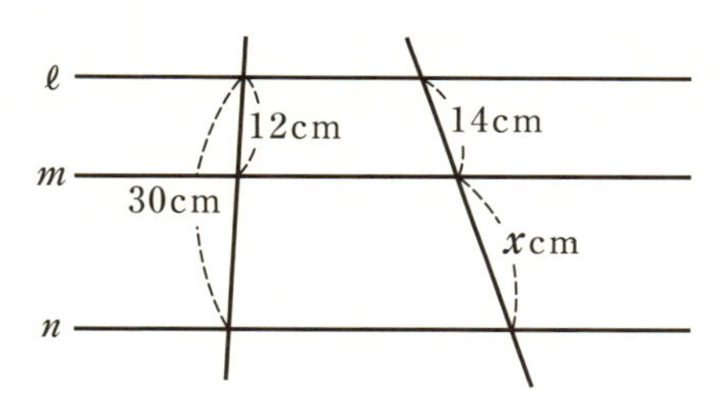

④　下の図のような三角形ABCがあり、辺BCの中点をD、辺ACの中点をEとする。また、線分ADとBEの交点をFとする。このとき、三角形ABFと三角形DEFが相似であることを示せ。

〈神奈川県〉

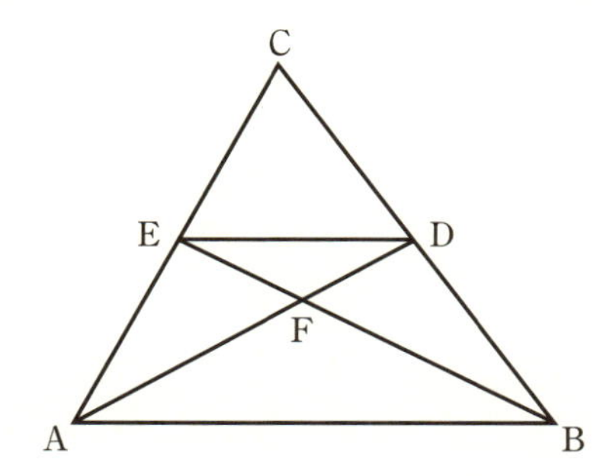

三平方の定理

あらゆる単元の計算で頻出する重要な定理だ。射撃にも必須だな。

千葉龍之介（ちばりゅうのすけ）

例題

千葉、速水（はやみ）、いい狙撃ポイント見つけたから協力しろや。
200mの高台から超ロングレンジライフルで狙い撃ちだ。タコが必ず通過するポイントがAとすると、通過の何秒前に撃ちゃ命中する？

今回使うライフルの弾速は**300m/s**だから、弾が飛ぶ距離がわかれば計算できる。
こういう時は**三平方の定理**を使って計算すればいいいんじゃないかな。

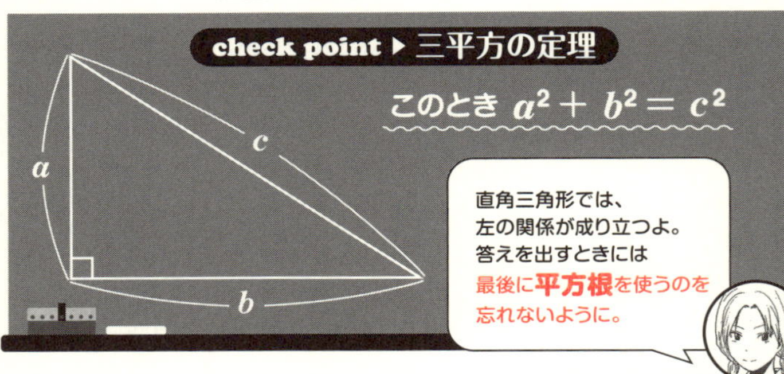

このとき $a^2 + b^2 = c^2$

直角三角形では、左の関係が成り立つよ。答えを出すときには**最後に平方根を使うのを忘れないように。**

高台の高さは200mで、
目標位置から高台までの距離は600mだから、

$$200^2+600^2=40000+360000=400000$$

だよな。つーことは、弾が1秒間に300m進むんだから、
これを300でわりゃいいんだろ?

だからあ!
最後に**平方根**を使わなきゃと
あれほど…

うるせー! 今やろうと思ってたんだよ! 平方根は…

$$\begin{aligned}\sqrt{400000} &= \sqrt{4\times10000\times10}\\ &= \sqrt{2^2\times100^2\times10}\\ &= 200\sqrt{10}\end{aligned}$$

これを300でわったらいいのか?
っつうか $\sqrt{10}$ っていくつだよ?

だいたい**3.16**くらい。だから
200×3.16÷300=2.10666…
となる。だいたい**2秒前**に撃たないと命中しない。

ちなみに、平方根の値を覚えておくのは
数学の基本ね。
でさぁ、タイミングはわかったけど、
肝心の射撃で寺坂(てらさか)当てられんの?

え?
お前ら撃ってくんねーの?

「三平方の定理」の練習問題にチャレンジ！
正解したらチェック欄にチェックを入れよう！

⇒解答・解説はP.248をチェック！

チェック欄

□□　①　下の図で、xとyの値を求めなさい。

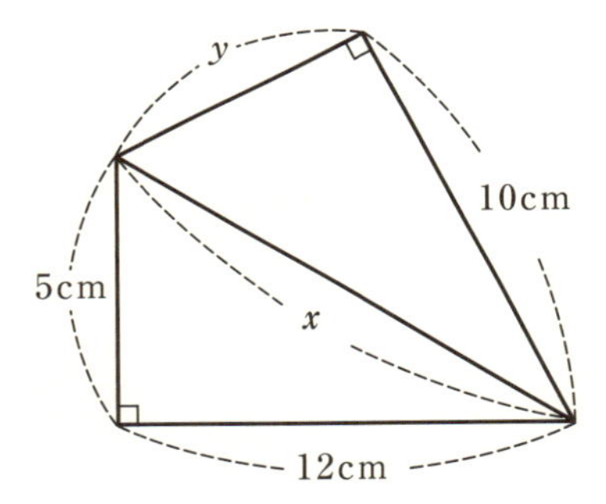

チェック欄

□□ ②　座標平面上に2点A(2,5)、B(9,1)がある。
このとき、線分ABの長さを求めなさい。

□□ ③　下の図のように, AB=4cm, AD=3cm, AE=5cm の直方体ABCD−EFGHがあり, 点Mは辺CDの中点である。
このとき, △MEFの面積を求めなさい。〈秋田県〉

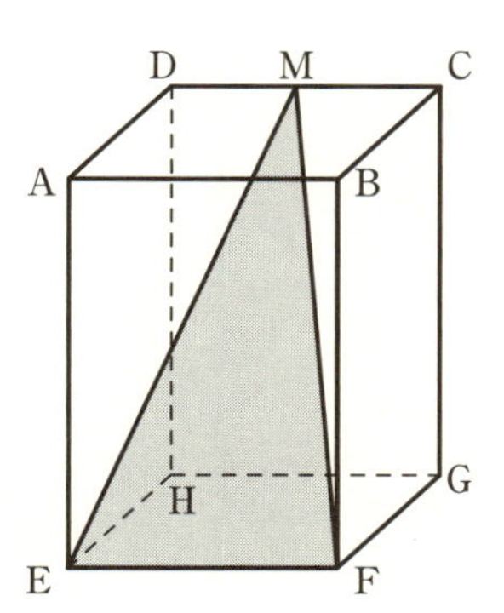

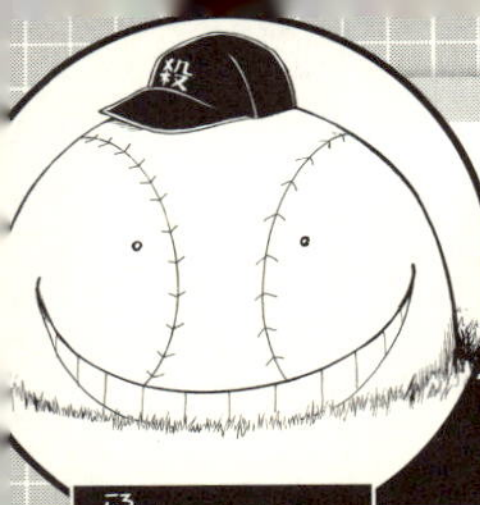

円

円とは一点からの一定の距離の点の集合です。その円の性質をいろいろ探ってみましょう！

例題

殺せんせー暗殺に向けて今日は円形の野球場で射撃の練習！ 観客席からABの間に並べた赤いマトに一番銃弾を当てやすいのは誰だろう……？

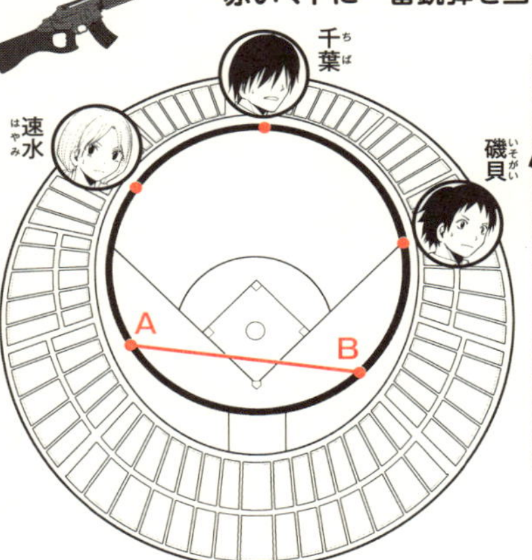

な〜んだ簡単じゃん。
当てやすさは**3人とも同じ**だよ。
もしかして、円周角知らない人？

日頃の勉強を暗殺に応用するとは
頑張って教えたかいがあったというものです……。
ではみなさんも先生と一緒におさらいしましょう。

なんか急に、授業
始まっちゃったよ……。

check point ▶ 円周角の定理

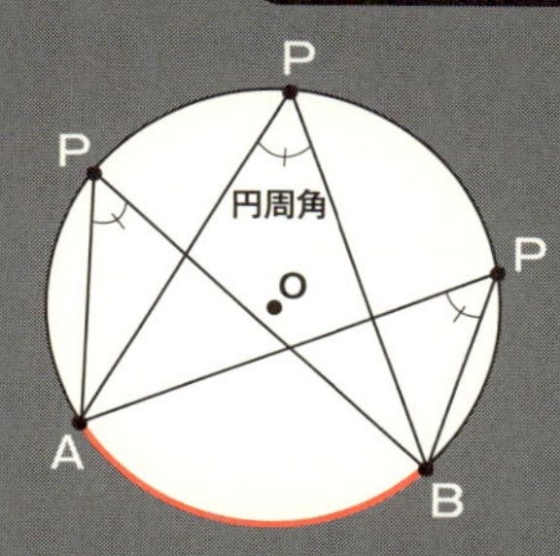

1つの弧に対する円周角の大きさは**すべて等しい。**

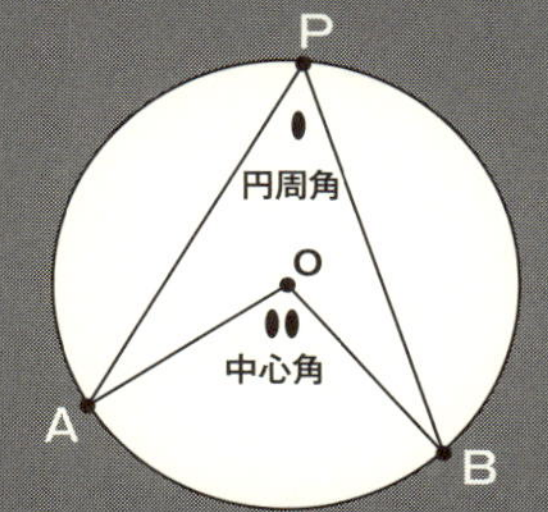

1つの弧に対する円周角の大きさはその弧に対する**中心角の大きさの $\frac{1}{2}$** である。

check point ▶ ターレスの定理

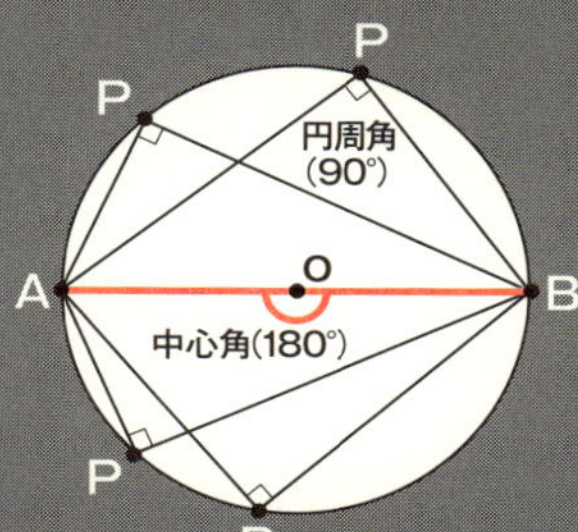

線分ABが直径であるとき円周上どの点Pをとっても∠APBは**直角**になる。

円周角と中心角には色んな問題パターンがあるから、不安なら問題でも解いてみなよ。

「円」の練習問題にチャレンジ！
正解したらチェック欄にチェックを入れよう！
⇒解答・解説はP.249をチェック！

①　下の2図で、$\angle x$、$\angle y$ の大きさをそれぞれ求めよ。

(1)

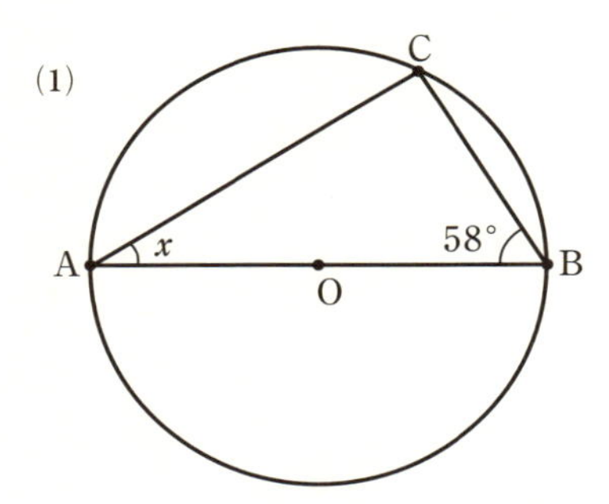

(2)

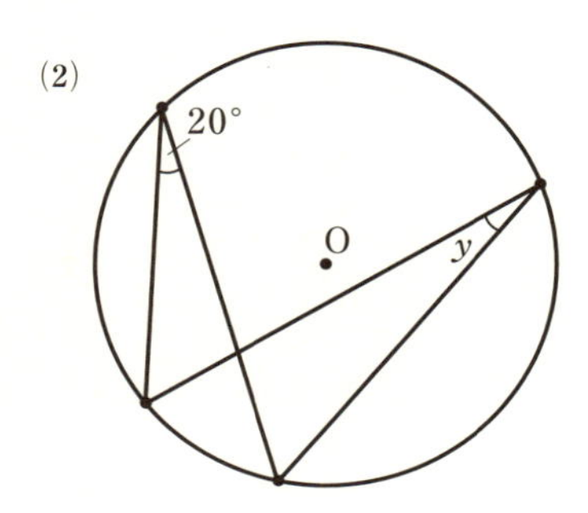

チェック欄

□□ ② 下の図のような円Oにおいて、$\angle x$ の大きさを求めよ。

〈長崎県・改題〉

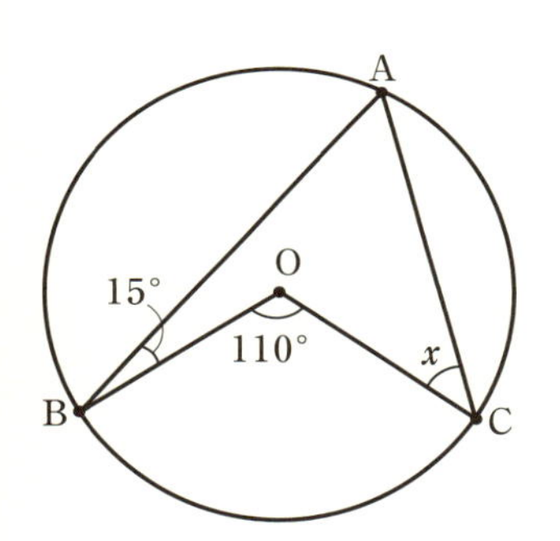

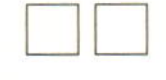

③　下の図で，3点A，B，Cは，円Oの周上にあり，互いに一致しない。円Oの半径が 10cm，∠BAC=36°のとき，点Aを含まない$\overset{\frown}{BC}$の長さは何cmか。
ただし，円周率はπとする。〈東京都〉

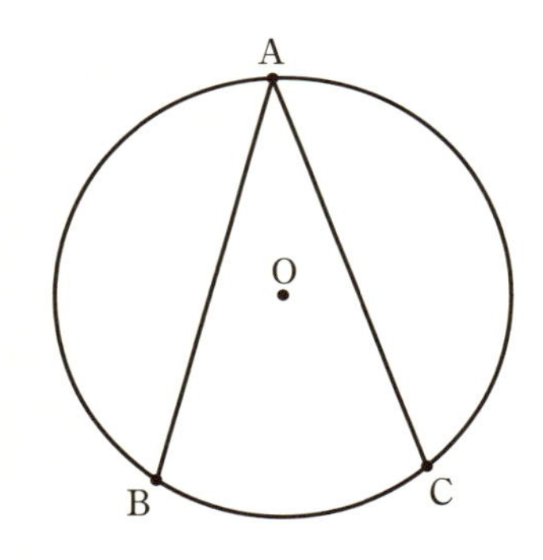

チェック欄

④　下の図のように、線分ABを直径とする円Oの周上に、2点A, Bとは異なる点Cを AC＞BC となるようにとり、線分BCの延長上に点Bとは異なる点Dを AB＝AD となるようにとる。
また、点Cを含まない円周上に2点A, Bとは異なる点Eをとり、線分ABとCEとの交点をFとする。
さらに、線分AE上に点Gを AE⊥FG となるようにとる。
このとき、三角形ACDと三角形FGEが相似であることを証明しなさい。〈神奈川県〉

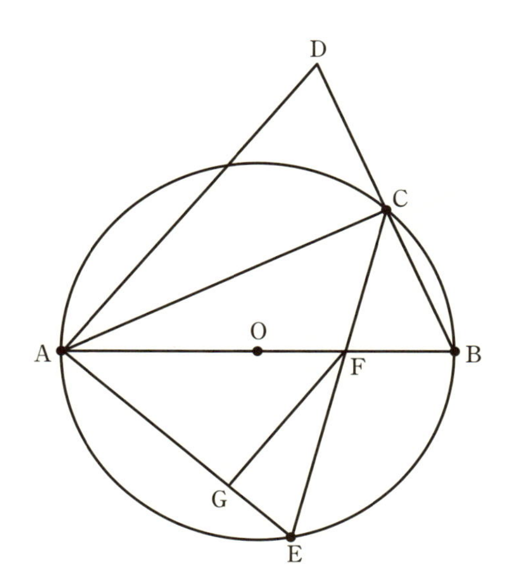

標本調査

意識調査、テレビの視聴率、先生の支持率などなど。ある集団の知りたい情報を効率的に推測するのです。

殺せんせー

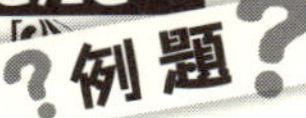

烏間先生！
いわれた通り、支給された
対殺せんせー地雷
埋めてきました！

いや実は、あの地雷の中に作動しない不良品が
入ってると連絡がきてな。全体の3割くらいまでなら
作戦には問題なさそうだが、それ以上なら作戦を
考えなおす必要が出てきてしまったんだ…。

クラスのみんなで頑張って
1000個埋めたけど
全部を確認するのは大変だ…。

この前授業で習った
標本調査ってのを使ってみたら
いいんじゃない？

おー！ さすが片岡！
手間かけずに全体の数が
わりだせそうだな！

check point ▶ 全数調査と標本調査

全数調査 たくさんあるモノの特徴を知りたいときに、全部を調べて分析すること。

(例)学校の身体測定。クラス全員の身長や体重を測る。

標本調査 部分的に調べて全体の特徴を分析すること。

(例)テレビの視聴率。

母集団 調べたい集団の全体のこと。

標本 実際に調べた部分のこと。

標本の抽出 標本にするデータを母集団から選ぶこと。

標本の大きさ 標本の数のこと。

標本調査は調べたい母集団が均一な傾向を持っていないとダメだよ。

100個くらいなら頑張ればすぐに掘り起こせそう。この100個の標本を調べて、1000個の中に不良品がどのくらいあるか計算してみよう。

1個1個解体して調べるのって結構たいへんだな…。

じゃあ母集団がどうなってるか考えてみよう。

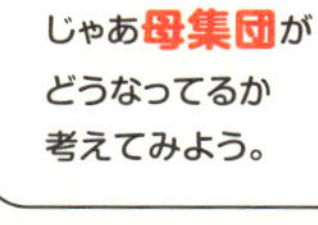

やっと終わった〜。不良品は25個あったよ。

check point ▶ 母集団の分析

標本調査の問題では、標本の特徴がそのまま母集団の特徴になると考えて計算をする。

標本の中の不良品の割合は、

調べた個数：見つかった不良品の数＝100：25

だっ。全部の地雷の不良品の数をxとすると、

全部の個数：不良品の数＝1000：x になるな。

この2つが同じだと考えていいんだよね？

100：25＝1000：x

だから、xは**250**だ！

これだと回収しなくてもよさそうね。

え？ もう全部の地雷回収しちゃいましたよ！

「標本調査」の練習問題にチャレンジ！
正解したらチェック欄にチェックを入れよう！
⇒解答・解説はP.251をチェック！

チェック欄

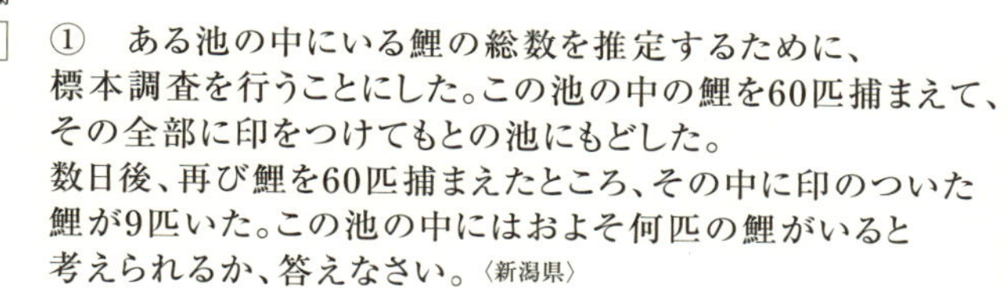

□□ ①　ある池の中にいる鯉の総数を推定するために、標本調査を行うことにした。この池の中の鯉を60匹捕まえて、その全部に印をつけてもとの池にもどした。
数日後、再び鯉を60匹捕まえたところ、その中に印のついた鯉が9匹いた。この池の中にはおよそ何匹の鯉がいると考えられるか、答えなさい。〈新潟県〉

□□ ②　ある集団のもつ傾向や性質を調べるときには、調査する内容の違いによって、全数調査または標本調査を行う。
標本調査を行うことが最も適しているものを、次のア～エから1つ選び、その記号を書け。〈高知県〉

ア	国勢調査
イ	修学旅行に参加する生徒の健康調査
ウ	世論調査
エ	ある中学校で行う進路希望の調査

チェック欄

③　箱の中に10円硬貨が1500枚入っている。
修さんは、これらの中に、「平成」と記されたものと「昭和」と記されたものがあることに気づき、標本調査を行って、この箱の中にある「平成」と記された10円硬貨の枚数を推測することにした。そこで、次の実験を8回行い、結果を下の表にまとめた。あとの問いに答えなさい。〈山形県〉

実験

箱の中から、無作為に20枚抽出し、「平成」と記された10円硬貨の枚数を数え、箱に戻す。

表

実験	「平成」と記された10円硬貨の枚数
1回目	9
2回目	7
3回目	9
4回目	7
5回目	11
6回目	8
7回目	6
8回目	7

(1)　8回の実験において、「平成」と記された10円硬貨の枚数の平均値を求めなさい。

(2)　8回の実験の結果をもとに、箱の中には、「平成」と記された10円硬貨はおよそ何枚入っていると推測されるか、求めなさい。

殺すう学者が贈る 殺る気が出る名語録

あなたが望むあらゆる正解は、
暗殺の方法によって
引き寄せられる
（ピタコロス）

［原文］
あなたが望むあらゆる物は 意志の力によって引き寄せられる
（ピタゴラス／紀元前582年〜紀元前496年）

担当：不破優月（ふわゆづき）
興味を持たずにはいられない！
この数学用語がすごい!!!!

なにこれ！　気になる！　どういうこと？　マンガから得た私の観察眼で、そんな知的探究心をくすぐるような数学用語を探してみたよ!!

ドラゴン曲線

私のターンね。"ドラゴン"って、聞くだけでもう相当ヤバイでしょ。冒険ファンタジー的方程式かしら？　バトルアクション図形かしら？

本当は…？
直角に折れ曲がる直線の集合で表現された図形のことです。見た目が龍に似ているのが名前の由来です。

波動方程式

なにこの必殺技感満載のネーミングは！　解くと手のひらから衝撃波が出るとかじゃないの？　小さな孤島に住むエッチな仙人から教わることができるとかね。

本当は…？
電磁波・弾性波などの波動に関する運動方程式などのことです。カ○ハ○波の類ではありませんからね。

次元の呪い

大泥棒一味の凄腕ガンマンがかけた数学的呪いかしら。たぶん帽子がキーポイントになると予測されるわ。千葉君のニット帽も射撃の補正効果ありそうだし。

本当は…？
数学的空間の次元が増えるのに対応して、算法が指数関数的に大きくなることを表してます。

婚約数

ラブコメ数学きました！　もしかして隣に引っ越してきたイケメンだけど、性格悪い同級生が実は親同士が決めてた婚約者だったみたいな数のことね？

本当は…？
烏間先生とビッチ先生のようなラブラブな2つの数のこと。約数が関係していて、代表的な婚約数は48と75ですね。

セクシー素数

ここは俺の出番だな。エロさしか感じられない響きを堂々と言える、この魅力的なネーミングセンスに脱帽だぜ。素数、最高!!

本当は…？
ラテン語の「6」(sex)に由来する表現なんですよ。差が6となる素数の組み合わせのことを指します。13と7とか…。

第4章 解答と特別試験

さて皆さん
解答と特別試験の
時間ですよ

殺り損ねた部分は
理解できるまで復習
してくださいね

学習範囲
- □ 練習問題の解答・解説
- □ ハイレベル問(モン)スター
- □ 修了試験
- □ 索引

それにしても商店街とは。殺せんせーを狙うには、悪くない場所だった。

殺せんせーの五感はどれも恐ろしいまでの鋭さだったが、特に視覚と嗅覚は飛び抜けていた。そのうち、視覚は人ごみのおかげでかなり見通しがきかない状態だったし、嗅覚に関しては、夕方の商店街にあふれる食べ物の匂いで、相当幻惑されるだろう。

狭いアーケード街は障害物が多く、跳弾を利用するにはもってこいの環境だった。

息を切らせて商店街に駆け込むと、いつにない人出で賑わっていた。ただでさえ狭い歩行者天国には、何台も屋台のバンが停まっていて、クレープやコーヒーの香りが立ちこめている。

「ねえ、なんかすごいニオイしない?」

速水がうめくようにつぶやきながら、鼻をつまんだ。どこからか、強烈な臭気が漂ってきたのだ。

「とんこつラーメンだな。本場のはガッツリ煮込むそうだから、慣れないと結構キツイな」

答える千葉も、顔をしかめている。

「どこかの屋台かな。商店街でこんなニオイをかいだのは初めてだし」

千葉があたりを見回す。と、同時に、聞き覚えのある声が聞こえてきた。

「いやあ、楽しみですねぇ」

粘液質のぬるりとしたその声に、二人は反射的に近くの路地に身を隠していた。

ほんの数メートル先に、変装した殺せんせーが立っていた。入間物産展は盛況らしく、入り口にはちょっとした行列ができている。殺せんせーはその最後尾に並んでいるのだった。

「まさか、椚ヶ丘にいながらにして、あのいるまんじゅうを楽しめるとは。あれは何度いただいてもいいものです」

他の客たちより頭二つ背が高く、しかもニヤニヤ顔を隠そうともせずひとりごとを言ういかにも怪しい人影に、その半径2メートル以内に近寄ろうとする人間はいなかった。

「……とんこつラーメンに感謝だな」

「あの悪臭がなかったら、絶対見つかってたよね」

二人は急ぎ足でその場を離れ、買い物に来たふうを装って商店街を歩き始めた。

E組の生徒たちは、どこでも殺せんせーを暗殺できるように、ひそかに学校の周囲の下調べを行っていた。商店街も当然その中のひとつで、長い間空き店舗になってい

る建物のチェックや全体の見取り図などが、律の手も借りてデータ化されている。

千葉たちは、スマホに呼び出した見取り図とあたりの様子を見比べていった。データは最新の状態に保たれるようにはなっているが、完全ではない。商店街の様子は日々変わっていくものだから、こういった場合、事前のチェックは欠かすことができないのだった。

「ね、そのスナイパーってどこにいるんだろ？　もうどこかに潜んでるよね」

「そうだな。烏間先生にあんなこと言ってきたんだから、準備は完了してると思って間違いないだろう。でも、たぶんまだ大丈夫だ」

千葉の言葉に、速水が首をかしげる。

「どうして？」

「殺せんせーを狙うなら、行列に並んでる今がベストだろ？なのにまだなにも起きてない」

「そうか」

「さすがの伝説のスナイパーでも狙えない場所なのか、他に事情があるのか……どっちにしろ、こっちはまだ準備に時間がかかる。急ごう」

そこで千葉は、少し先にある木造の古い建物の壁が、妙につやつやしていることに気づいた。

「なんだ、これ？」

触ってみると、表面は平らで、固かった。アクリル板のようにも思えるが、そういうものを貼り付けたというより、液状の物質を塗りつけて固めたようにしっかりと壁にくっついている。

こういった壁は、結構な場所で見つかった。でこぼこに仕上げられた壁や、柔らかそうな場所などは、決まってこの処置が施されていた。

「そういえば、ずいぶん看板とか減ってるよね？」

速水が、スマホと周囲を見比べながらささやいた。壁や街灯に固定されている小さな看板や装飾の類が、かなりの場所でなくなっていた。本来看板が取り付けられていたところにはネジ穴すら残っておらず、表面をならして塗装し直したように見える。

「できるだけ、壁を平らにしようとしているように見えるな。やっぱりいるんだ、この近くに」

そうした痕跡は、アーケード街の中央付近に集中していた。

つまり、伝説のスナイパーは、そのあたりを実行場所に選んだということだった。

「だとすると、いまの殺せんせーの位置は確かに狙いづらいな。先生用のBB弾は軽いから、そんなに遠くへ届かない」

物産展の行列は、跳弾用の細工が施されている場所から30メートル以上離れている。

普通に撃つ分には十分だが、跳弾させて届かせるとなると、実際はその倍以上の距離があると考えたほうがいいだろう。

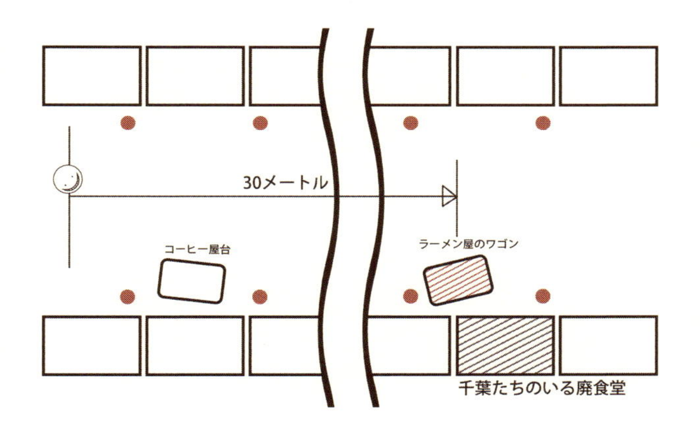

【図解】ある日の夕方の椚ヶ丘商店街。平日にもかかわらず、人通りが多く、いくつも屋台が出店している。

「でも、これだけ周到に準備してるのに、どうして殺せんせーのいるところから離れた場所を選んじゃったんだろう」

千葉は少し考えて答えた。

「月を吹っ飛ばして三日月みたいにした怪物が、まさか人間物産展に並ぶとは思ってなかったんじゃないか？」

そう言ってから、千葉の脳裏に昼休み烏間の発した言

葉が蘇った。

「ろくに殺せんせーのことも知らない人間が、暗殺できるはずない、か」

速水が隣で相槌を打った。

「そうだね」

ほどなく、二人は潰れた食堂の二階に陣取っていた。伝説のスナイパーが、実行場所に選んだ区画に面している建物である。

物産展に並んでいる殺せんせーを、そこから狙撃することはできなかった。姿は見えるが、距離がありすぎるからだ。

にもかかわらず二人がそこを選んだのは、殺せんせーを狙える範囲で狙撃に使える建物は見当たらなかったことと、跳弾用の処理が施された場所の方が、確実性が高いという判断からだった。

街中で思い通りに弾丸を弾ませるのは、やはり簡単なことではなかった。教室の中とは違い、風も吹けば計算通りに弾まない壁の方が圧倒的に多い。その状況で何度も暗殺に成功している伝説のスナイパーなる人物は、やはり只者ではないのだろう。

千葉は通りに面した部屋に入るとすぐに、テーブルの上に方眼紙を広げ、製図道具を使って見取り図を作っていった。かなり精密な図面でなければならないはずだったが、千葉は鏡写しの図も含めてものの数分で作り終えていた。

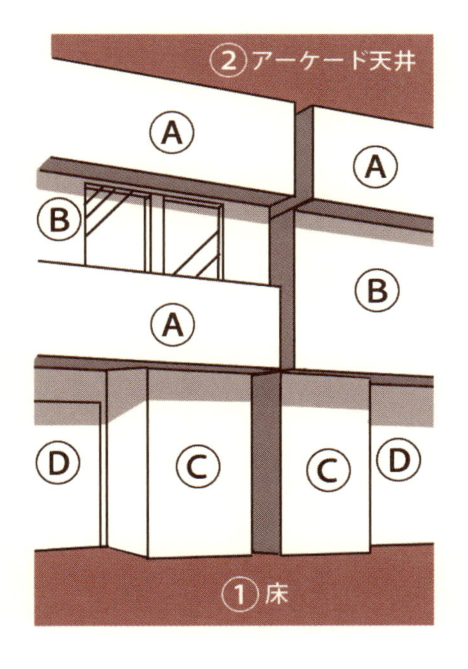

【図解】千葉たちのいる廃食堂の向かいにある店舗。店舗にはこのように奥行きの違う壁がいくつかある。実際にはこれらの壁の奥行きに合わせて平面図、立面図を起こす必要がある。

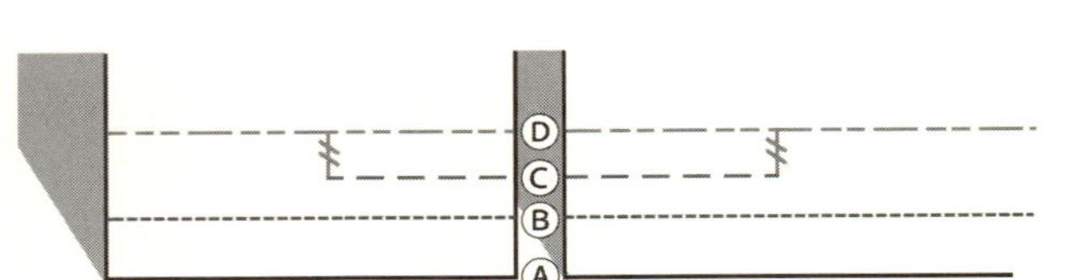

【平面図】建物を上から見た図。複数の線が引いてあるのは、それぞれの壁の奥行きを表したものである。実際にはもっと細かいが、窓枠などの凹凸は無視している。

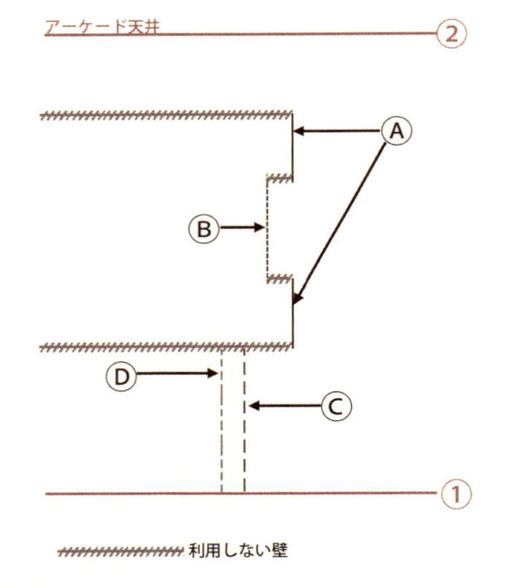

【立面図】建物を横から見た図。平面図同様に、壁の奥行きに合わせて複数の線が引かれている。

その間に、速水が持ち込んだエアライフルを銃座の上に据え、標的の位置を測るための距離計を設置する。

【平面図での照準合わせイメージ】

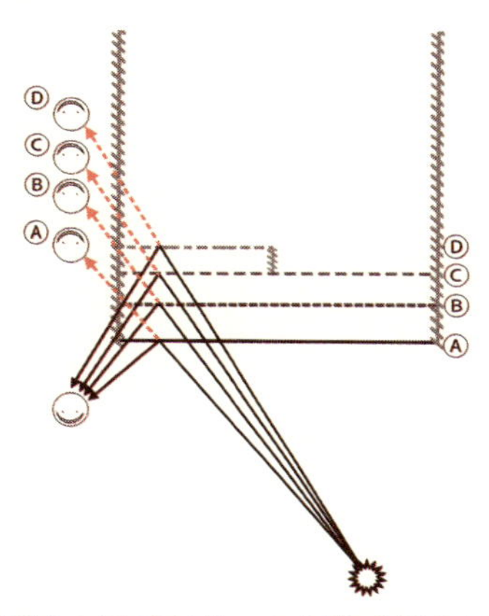

【図解】建物の平面図を使って、実際に照準を合わせているところ。このように、どの壁を利用するかで鏡写しの境界の位置が変わるので、標的の位置は複数作図しておく必要がある。

【立面図での照準合わせイメージ】

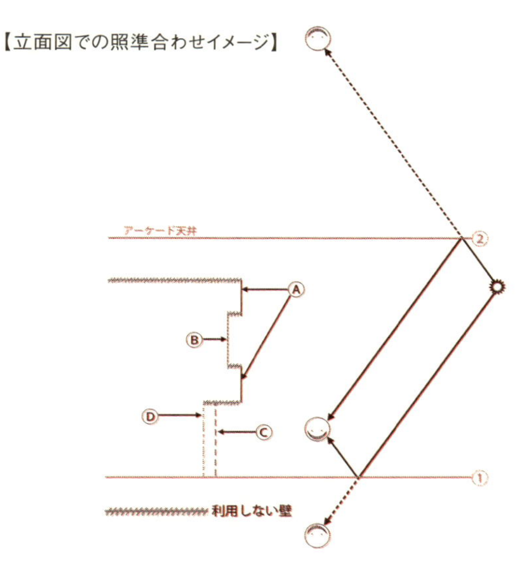

「殺せんせーは?」
作図を終え、顔を上げた千葉に、距離計をのぞき込んでいた速水が振り返る。
「いま、物産展から出てくるとこ。でも、まっすぐこっちに来そうにない」
速水にかわってスコープをのぞくと、殺せんせーは通りをふらふらと歩き回っていて、どこに向かうかわからない状態だった。
「にゅやぁ……あれも食べたいこれも食べたい、されどサイフの中身は余裕なし……厳選しなくてはいけませんねぇ…いやしかし外せないのは…」
どうやら、通りに並んでいる食べ物屋の匂いに惹かれて、どこに向かおうか迷っているらしい。
「こりゃ、伝説のスナイパーもずいぶんイライラしてるだろうな」
苦笑まじりに、千葉がそうつぶやいた時だった。

ダン。

すぐ近くに強い衝撃を感じて、千葉ははっと身を起こした。
「なに?」
窓から離れていた速水が、声をかけてくる。

「撃たれた……んだと思う」
　その言葉に、速水がメイク用の小さな鏡を手渡してくる。千葉はそれを受け取って、身を隠しながら窓の外を見た。
　窓枠のあたりに、薄く煙が漂っているのがわかる。撃ち込まれたのは、おそらく実弾だろう。
　同時に、千葉のスマホが震え始めた。ディスプレイには非通知着信の文字が表示されている。
　電話を取った千葉に、抑揚のない押し殺した声が響いた。
『担当者を通じて、こちらの邪魔はするなと伝えたはずだが？　伝わっていなかったのか？』
　千葉はスマホを耳から離し、スピーカーホンに切り替える。速水が目顔でうなずいた。
「邪魔をする気は全然無いし、そちらが先に撃ってもらって構いません。ただ、隙あらば狙うというのは、俺らE組にとっても普段通りの行動なんです。」
『いいか』
　千葉に対して答える声には、明らかにいらだちの色が混ざっていた。
『そこを出て、まっすぐ家に帰るんだ。お前たち生徒はいるだけで邪魔になる。子供を痛めつけるのは趣味じゃないが、もし、それをそのまま続けるようなら、今度は警告ではすまないぞ』
　そう言い残して、電話は切れた。

3年E組数学レポート

担当：殺せんせー

未解決数学24時

解くと「世界が破滅」する問題や、先生同様に「懸賞金」がかけられてる問題があるのはご存知ですか？　そんな「未解決問題」の数々をご紹介です。

100万ドルの懸賞金までかけられてる問題も!!

未解決FILE.01 ハノイの塔

あ、寺坂君たち、ちょうどいいところに。皆さんはハノイの塔って話を知ってますか？

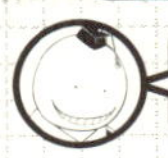
ん？　なんだそれ？

インドの大寺院に、3つのダイヤモンドの柱があって、そのうち1本には、64枚の黄金の円盤が大きい円盤を下にして順に重なってるそうで。僧たちはそこで、一日中円盤を別の柱に移しかえる作業を行っていて、全ての円盤の移しかえが終わったときに、この世は崩壊し終焉を迎えるという話なのですが…。

な、なに？　世界の終焉？

その円盤を移動するには以下のような法則があるんですが寺坂君解けますか？

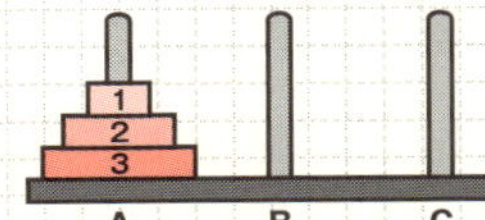

・板は1回1枚ずつ移動する。
・小さな板の上に大きな板は置けない。
・Cの軸に、Aの状態と同じように板を順に重ねて移動させれば完成。

お、なんか面白そう…。

懸賞金100万ドル付の問題はコレだ!!!

未解決 FILE.02 ヤン-ミルズ方程式と質量ギャップ問題

懸賞金 1,000,000$

1954年に、ヤンさん&ミルズさんという二人の物理学者によって提案された問題です。「量子色力学」という分野で、四次元空間に関わる問題ですよ。

未解決 FILE.03 リーマン予想

懸賞金 1,000,000$

現在の数学において、最も難解な問題として挙げられています。中学数学でもおなじみ「素数」が出現する規則を、解き明かす可能性があるんですよ。

未解決 FILE.04 P≠NP予想

懸賞金 1,000,000$

コンピュータの数学的な理論ができる際に生まれた「計算複雑性理論」の問題です。暗号化技術は、この予想が正しい前提の元に成立しているんですよ。

…ちょ、ちょっと待て！　いろいろ動かしてたらできちまったぞ！

おお！　素晴らしい！　解けちゃいましたね!!　実はですねぇ…

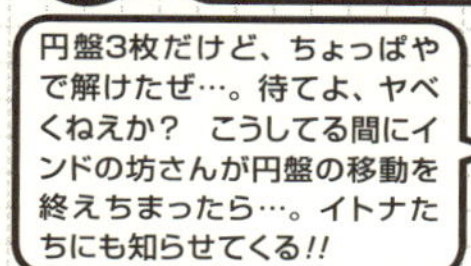

円盤3枚だけど、ちょっぱやで解けたぜ…。待てよ、ヤベくねえか？　こうしてる間にインドの坊さんが円盤の移動を終えちまったら…。イトナたちにも知らせてくる!!

あ！　寺坂!?　いっちまった…。

あー、ここからが大事なのにしょうがないですねえ。実はハノイの塔は架空の話で「数列」の分野の有名なパズルなんです。

？　パズル？　マジ？

ハノイの塔の円盤の枚数を n とすると、
移動回数は　2^n-1　（2のn乗−1）
その回数を31536000（＝1年間の秒数）
で割れば何年かかるか計算できるんですねえ。
つまり
$(2^n-1)\div31536000$＝n枚のハノイが完成する時間（年）

なんかすげえ数字が出てきた…。

円盤1枚を移動するのが、たった1秒だとしても、64枚移動させるのに、最短で約5800億年。地球が誕生して約46億年、宇宙誕生は百数十億年前といわれてますから、実現させるのは絶対無理ってことなんです。フルフフフ…。

なんだ、ビックリしたー！

別名「バラモンの塔」とも呼ばれ数学者リュカが考えたお話なんですよ。

や、やべえ！　寺坂みつけて止めないと!!　アイツが「バカもんの答」になっちまう！

ブフッ！　そうですね。先生がみつけてきます！

未解決 FILE.05

ホッジ予想

懸賞金 1,000,000$

「代数幾何学」と呼ばれる分野の未解決問題です。スコットランドの数学者が発表したもので、問題自体の理解も大変難しいものとなってます。

未解決 FILE.06

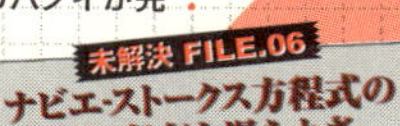

ナビエ-ストークス方程式の解の存在と滑らかさ

懸賞金 1,000,000$

「流体力学」の基本方程式に関わる問題です。科学や工学の分野でかなり重要性を持っている問題なのに、未だに数学的な解答は証明されていないんですよ。

未解決 FILE.08

殺せんせーの給料予想

懸賞金 1$

名門・椚ヶ丘と言えども先生、新任教師なのでそんなに高くありません。衣装も自腹なので、毎月ギリギリの生活送ってます。予想が当たったら理事長に賃金アップの交渉もお願いします。

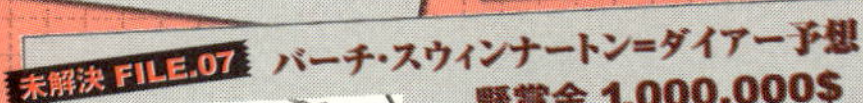

未解決 FILE.07

バーチ・スウィンナートン＝ダイアー予想

懸賞金 1,000,000$

整数などから派生する数の体系「数論」の分野での問題。こちらは特別な条件下において、ある程度証明されていますが、まだ完全に解決されてません。

練習問題の解答・解説

第1章

正の数・負の数 —— p.018
文字と式 —— p.024
方程式 —— p.030
比例と反比例 —— p.034
平面図形 —— p.040
空間図形 —— p.052
資料のちらばりと代表値 — p.064

第2章

式の計算 —— p.098
連立方程式 —— p.104
1次関数 —— p.110
図形の調べ方 —— p.120
合同な図形と証明 —— p.128
確率 —— p.136

第3章

式の展開と因数分解 —— p.162
平方根（ルート） —— p.168
2次方程式 —— p.174
関数$y=ax^2$ —— p.180
相似な図形 —— p.186
三平方の定理 —— p.194
円 —— p.198
標本調査 —— p.204

練習問題の解答です。
つまずいたところは
何回でも解きましょう。
全問解けないと先生を殺すことは
不可能ですからね。
ヌルフフフフ…。

正の数・負の数

① $3-(4-7)=3-(-3)=3+3=\underline{6}$

② $-7+8\times(-\frac{1}{4})=-7+(-2)=\underline{-9}$

③ $(-3)^2=9$, $5^2=25$ なので、$9-25=\underline{-16}$

④ 答え：イ

ア　$1(-2)$ のとき $1+(-2)=-1$ より間違い

イ　正の数−負の数はつねに正の数になるので正しい

ウ　正の数×負の数はつねに負の数になるので間違い

エ　正の数÷負の数はつねに負の数になるので間違い

「つねに正しいもの」という問題では、
間違っている状況があれば間違いなので
反例をさがしましょう。

文字と式

かけ算の記号は省略、
文字と数字があるときは
数字が先頭ですよ。

① $\underline{12ab}$

② $\underline{2ab}$

③ $\underline{2y}$

④ りんご7個の値段に持っているお金が120円足りないので、
持っているお金 $=x\times7-120=7x-120$
また、6個の値段よりも40円多いので、
持っているお金 $=x\times6+40=6x+40$
したがって、$\underline{7x-120=6x+40}$

方程式

① xについてまとめると、$6x=12$, $x=2$

② $a=3(b-5)$もしくは$3b-15$

③ xについて解くと、$(10-2a)x=8$ より, $x=\dfrac{4}{5-a}$,

$x=-2$ を代入して、

$$\frac{4}{5-a}=-2$$

これを解くと $a=7$

xについて解かずに
直接$x=-2$を代入して
求めることもできます。

④ 合計は$2+10+8+x+7=x+27$

したがって平均は $\dfrac{x+27}{5}=6$

$x+27=30$

$x=3$

⑤ 与えられた式より、$2(x+7)=5(x-2)$

整理すると、$3x=24$

$x=8$

A:B=C:Dのとき
A×D=B×Cです。

⑥ 答え:エ

ア $a=1, b=1, c=3$のとき、$(x, y)=(1,2), (2,1)$などが存在し、必ず一つというわけではないため誤り。

イ $a=1, b=1, c=3$のとき、$(x, y)=(1,2), (2,1)$などが存在し、つねにyの値が一定となるわけではないため誤り。

ウ $a=1, b=1, c=3$のとき、$(x, y)=(0,0)$は解ではないため誤り。

エ 正しい。2元1次方程式のグラフは直線となる。

比例と反比例

① yはxに比例するので、
aを比例定数として $y=ax$ と表せる。
$(x,y)=(2,\ 8)$なので、$8=2a$, $a=4$である。
したがって、 $y=4x$ と表せる。

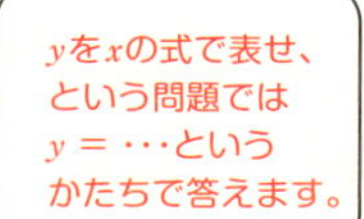

yをxの式で表せ、
という問題では
$y=$ ・・・という
かたちで答えます。

② yはxに反比例するので、aを比例定数として、
$y=\dfrac{a}{x}$ と表せる。この式を変形すると、$a=xy$ で、
$(x,y)=(-6,\ 2)$を代入して、
$a=-6\times2=-12$

反比例の比例定数は
xとyのかけ算で
求められますね。

③ 面積の求め方は縦×横なので、
$x\times y=60$
$y=\dfrac{60}{x}$

反比例のグラフ上の、x,yが
ともに整数となる点の問題では、
比例定数の約数を考えましょう。

④ $xy=8$ となるので、yが整数となるとき、
xの絶対値は8の約数である。
したがって、$x=-8, -4, -2, -1,\ 1,\ 2,\ 4,\ 8$ のとき、
x座標、y座標の値がともに整数となる。この数を数えると、8個。

⑤ yはxに反比例するので比例定数をaとして、$y=\dfrac{a}{x}$ と
表すことができる。
$(x,y)=(-6,-2)$を代入すると、
$-2=\dfrac{a}{-6}$
$a=-2\times(-6)=12$
したがって、$y=\dfrac{12}{x}$

⑥ 答え：イ（比例）、エ（反比例）
ア $y=x^2$ より比例でも反比例でもない。
イ $y=90x$ より比例。
ウ $y=200-x$ より比例でも反比例でもない。
エ $y=\dfrac{20}{x}$ より反比例。

比例か反比例か
わからないときは、
yをxの式で
表してみましょう。

平面図形

①

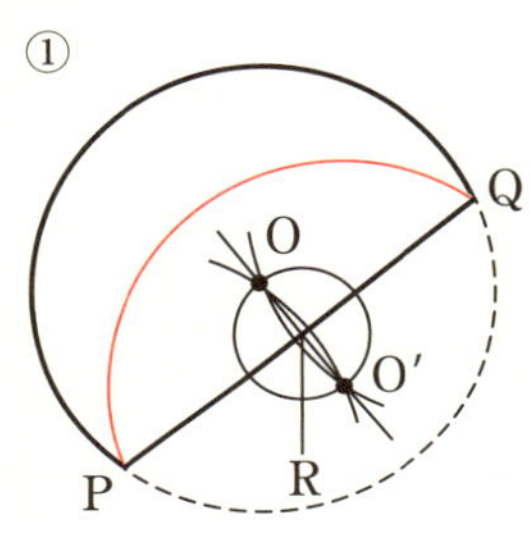

折り返してできた弧PQは
元の弧PQを直線PQに対して
対称移動させたものである。
1 Oから直線PQに垂線を引き、
直線PQとの交点をRとする。
2 Rを中心としてOを通る円を描き、
この円と直線ORとの交点（Oでないほう）
をO'とする。
3 O'を中心としてPを通る円を描くと、
それは対象移動した弧PQを含む。

②

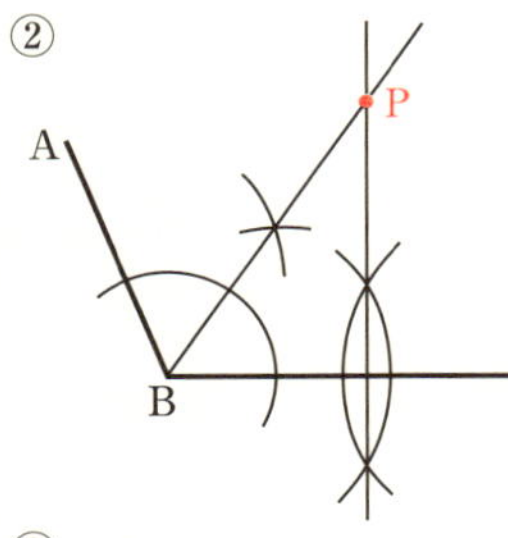

Advice

点P、Qなどのアルファベットを
ふって答えの点を明確にするの
を忘れないようにしましょう。

条件1→∠Bの二等分線。
条件2→線分BCの垂直二等分線。
2線の交点が両条件を満たす
場所なので点Pを記す。

③

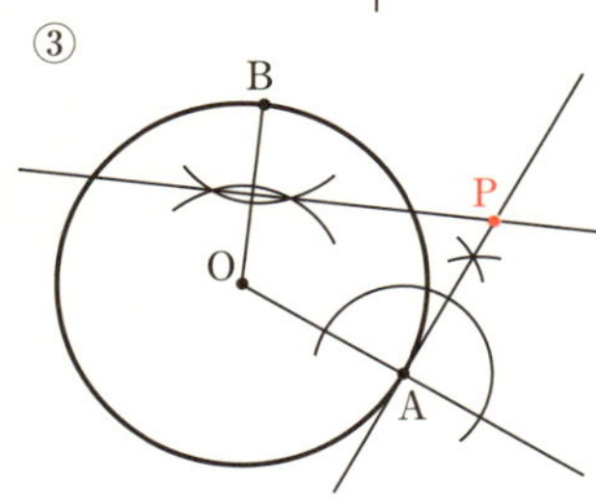

条件1を満たす点は点Aの接線上、
条件2を満たす点はOBの
垂直二等分線にある。
2線の交点が両条件を満たす
場所なので点Pを記載。

④　弧の長さ：3πcm

面積：$\frac{27}{2}\pi$cm²

弧の長さは$18\pi\times\frac{60}{360}$cm、
面積は$81\pi\times\frac{60}{360}$cm²となる。

Advice

弧は円周の、面積は円の面積のうちの
一部であり、その割合は $\frac{中心角}{360°}$ でしたね。

⑤

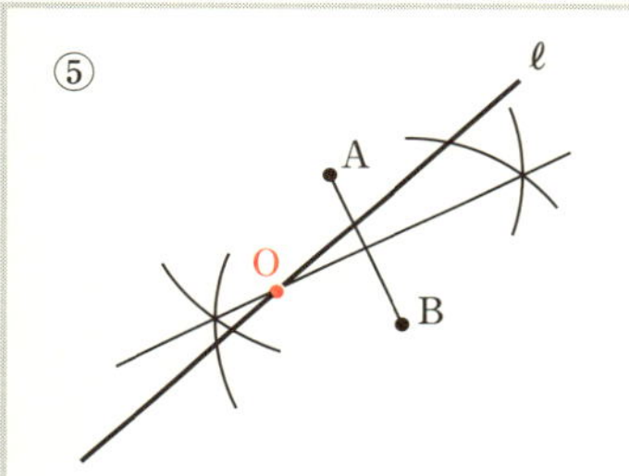

直線ℓ上でA,Bから等距離の点を見つければ良い。
A,Bから等距離の点は垂直二等分線上にあるはずなので、ABの垂直二等分線を作図し、ℓとの交点が点Oとなる。

空間図形

① 表面積：$48\pi cm^2$
体積：$45\pi cm^3$

底面は半径3cmの円で高さが5cmの円柱。
したがって、上下の円の面積は合計$9\pi \times 2cm^2$。
円柱の側面は円周の長さ($6\pi cm$)を横幅とする長方形になっているので、$5\times 6\pi cm^2$。合計$48\pi cm^2$。
体積は、底面積が$9\pi cm^2$なので
$9\pi \times 5 = 45\pi cm^3$となる。

② 表面積：$36\pi cm^2$
体積：$16\pi cm^3$

底面積は半径4cmの円なので$16\pi cm^2$。
側面積はおうぎ形で母線が5cmなので、$5\times 4\times \pi = 20\pi cm^2$。表面積は合計$36\pi cm^2$。
体積は、高さが3cmで「錐」なので
$\frac{1}{3}\times 16\pi \times 3 = 16\pi cm^3$となる。

③ イ、オ

直線ABが面と交わらず、面の上にある直線と平行ならばよいので、イとオが正解。

④ 体積：$\frac{32}{3}\pi cm^3$
表面積：$16\pi cm^2$

球の半径は2cmとなる。
公式より体積は$\frac{4}{3}\times \pi \times 2^3 = \frac{32}{3}\pi cm^3$。
面積は$4\times \pi \times 2^2 = 16\pi cm^2$ 。

⑤　$125\pi cm^3$

2つの回転体があると考える。
この場合はDから直線ABにおろした垂線のABとの交点をEとして、長方形BCDEが回転した円柱から、三角形AEDが回転した円錐が抜けたと考える。長方形BCDE を辺BEを軸に回転すると
半径5㎝で高さ6㎝の円柱になる。この体積は $25\pi\times6=150\pi$㎤。
三角形AEDを辺AEを軸にして回転すると
半径5㎝で高さ3㎝の円錐になる。この体積は $\frac{1}{3}\times25\pi\times3=25\pi$㎤
したがって求める回転体の体積は$150\pi-25\pi=125\pi$㎤

⑥　イ　　ア,ウ,エは立面図が長方形ではなく三角形なので、高さによって立体の「太さ」が変わっていることがわかる。これは「柱」ではない。イは立面図が長方形、平面図は三角形なので三角柱である。

⑦　CF　　ABと交わらない辺はCFのみで、ABとCFは平行でないので、ねじれの位置である。

⑧　$75cm^3$

底面が正a角形のすいを正a角錐、柱を正a角柱といいます。

今回は底面が正方形であることがわかるので、底面積は$25cm^2$。
高さが9cmの錐なので、体積は $\frac{1}{3}\times25\times9=75cm^3$ となる。

資料のちらばりと代表値

①　平均値は、
$(0\times2+1\times6+2\times13+3\times14+4\times3+5\times2)\div40=2.4$
各生徒の得点を小さい順から並べていくと、

1人目	2人目	3人目		20人目	21人目		38人目	39人目	40人目
0	0	1	…	2	2	…	4	5	5

となり、

人数の合計が偶数なので、中央値は $\frac{2+2}{2}$ = 2

最頻値は、最も人数が多い 3

②

階級(cm) 以上　　未満	度数(人)	相対度数
145.0〜150.0	2	0.05
150.0〜155.0	4	0.10
155.0〜160.0	10	0.25
160.0〜165.0	12	0.30
165.0〜170.0	8	0.20
170.0〜175.0	4	0.10
計	40	1.00

相対度数が0.10のときは度数が4なのが表からわかるので、相対度数が3倍になると度数も3倍になって12、という求め方もできますね。

Advice

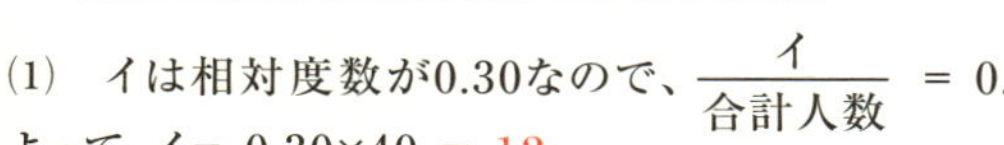

(1)　イは相対度数が0.30なので、$\frac{イ}{合計人数}$ = 0.30

よって、イ= 0.30×40 = 12

同様に、ウ= $\frac{2}{40}$ = 0. 05

残りのアとエは、度数の合計が40、
相対度数の合計が1.00になる数字を導けばいいので、
ア= 10　　エ= 0.25

(2)　身長が160.0cm以上の生徒は、下から3つの階級に対応するので、12+8+4 = 24(人)

(3)

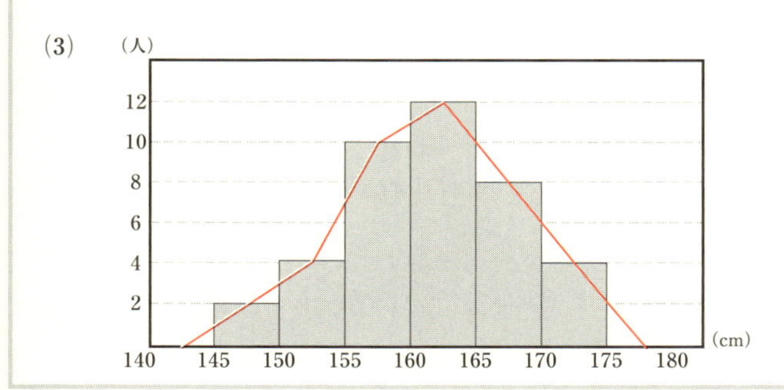

式の計算

$\frac{b}{5}$ は $\frac{1}{5}b$ と同じですよ。

①

1 bがついている項だけを等式の左側に置く。

$\frac{b}{5}-2=a$ の両側に2を足すと，$\frac{b}{5}=a+2$

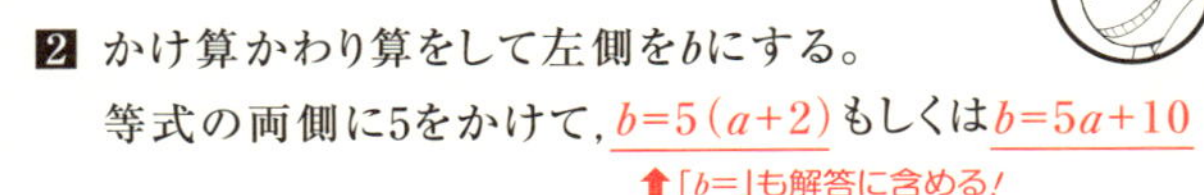

2 かけ算かわり算をして左側をbにする。

等式の両側に5をかけて，$b=5(a+2)$ もしくは $b=5a+10$

↑「$b=$」も解答に含める！

②

1 yがついている項だけを等式の左側に置く。

$2x-5y=7$

$-5y=-2x+7$ （等式の両側から$2x$をひいた）

2 かけ算かわり算をして左側をyにする。

$y=\frac{2x-7}{5}$ （等式の両側を-5でわった）

③

・「nを整数とする」→nは-2や3や10など。

・「連続する2つの奇数」→1と3や、-17と-15など。

例えば、連続する2つの奇数として5と7を考えてみると、問題は $2n+1=5$のときに7はどう書けるか？ を聞いている。

7は5より2だけ大きいので，$2n+1$より2だけ大きい$2n+3$

用語がたくさん出てきたら、具体的な数字で考えてみましょう。

④

例えば41の十の位の数と一の位の数を入れかえると14になり，

$41+2\times14=41+28=69=3\times23$は3の倍数である。

ある2けたの整数を$10x+y$と表すと，

この整数の十の位の数と一の位の数を入れかえた整数は

$10y+x$となる。

入れかえた整数の2倍ともとの整数の和は

$(10x+y)+2(10y+x)=10x+y+20y+2x=12x+21y=3(4x+7y)$

であり、3の倍数になっている。

連立方程式

①

【代入法】

1 片方の式を$x=$◯か，$y=$◯の形にする。

たとえば$x+y=-1$だと，$x=-y-1$　または　$y=-x-1$

2 **1**で作った式をもう片方の式に入れてxとyを求める。

$x=-y-1$ を $3x-2y=7$ に入れて計算すると，$y=-2$

このとき，$x=-y-1=1$

以上より，$x=1,\ y=-2$

Advice
かならず「$x=$」と
「$y=$」をつけましょう。

【加減法】

1 片方の式を何倍かして，もう片方の式と係数が正負反対になる文字を作る。

$x+y=-1$の両辺を2倍すると

$$\begin{cases} 3x-2y=7 \\ 2x+2y=-2 \end{cases}$$

正負が反対

2 両方の式をたし算する。

$$\begin{array}{rl} & 3x-2y=7 \\ +) & 2x+2y=-2 \\ \hline & 5x \qquad =5 \end{array}$$

$\longrightarrow$ $x=1$とわかる。

$x+y=-1$に$x=1$を代入して，$y=-2$

以上より，$x=1,\ y=-2$

計算後には答えを
チェックしましょう。
$x=1$，$y=-2$のとき，
$3y-2y=7$，$x+y=-1$なので，
確かに正しいですね。
Advice

②

【代入法】

1 片方の式を$x=$◯か，$y=$◯の形にする。

$2x+3y=1$から，$x=-\dfrac{3y-1}{2}$

2 **1**で作った式をもう片方の式に入れてxとyを求める。

$x=-\dfrac{3y-1}{2}$ を$3x+5y=-2$に入れて計算すると, $y=-7$

このとき, $x=-\dfrac{3y-1}{2}=11$　　以上より, $x=11,\ y=-7$

【加減法】

1 片方の式を何倍かして, もう片方の式と係数が正負反対になる文字を作る。

今回は片方だけを何倍かしようとすると, 分数が出てきて面倒になってしまうので, 今回は両方の式で係数の公倍数を考えましょう。

$$\begin{cases} 2x+3y=1 \\ 3x+5y=-2 \end{cases} \longrightarrow \begin{cases} -6x-9y=-3 & \text{（両辺を}-3\text{倍した）} \\ 6x+10y=-4 & \text{（両辺を}2\text{倍した）} \end{cases}$$

2 両方の式をたし算する。

$$\begin{array}{rr} & -6x-9y=-3 \\ +) & 6x+10y=-4 \\ \hline & y=-7 \end{array}$$

$2x+3y=1$に$y=-7$を代入して,

$x=11$　以上より, $x=11,\ y=-7$

計算後には答えをチェックしましょう。$x=11, y=-7$のとき $2x+3y=1$, $3x+5y=-2$なので, 確かに正しいですね。

③

(1) [ア] $=26$（分）なので, [ア] には時間を表す式が入る。

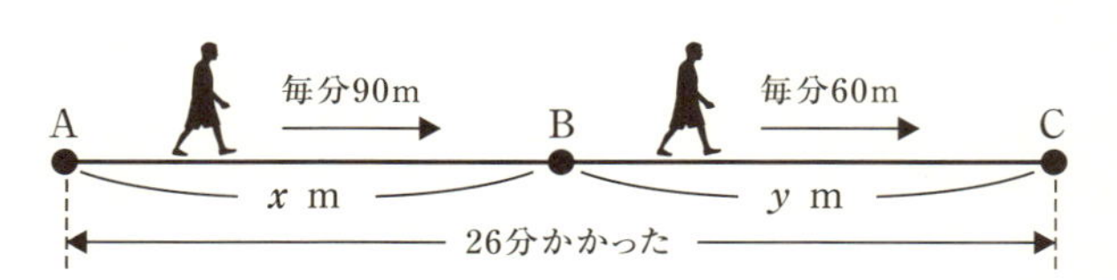

速さと道のりがわかっているので,

・地点Aから地点Bまでの時間は$\dfrac{x}{90}$分

・地点Bから地点Cまでの時間は$\dfrac{y}{60}$分

複雑な文章題は図を書いてまとめるといいですよ。

この2つの時間をたすと26分になるので, [ア] $=\dfrac{x}{90}+\dfrac{y}{60}$

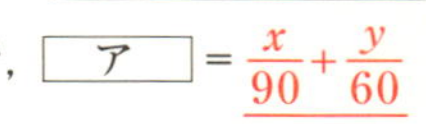

(2) $\begin{cases} x+y=1800 \\ \dfrac{x}{90}+\dfrac{y}{60}=26 \end{cases}$ を解けばよい。

下の式の両辺に180（60と90の最小公倍数）をかけて，

$$\begin{cases} x+y=1800 \\ 2x+3y=4680 \end{cases}$$

これを計算すると，$x=720$，$y=1080$となるので，

| イ | $=$720，| ウ | $=$1080

④　2年生の生徒数をx，3年生の生徒数をyとして考えてみる。

	生徒数（人）	ボランティア活動に参加したことがある生徒数（人）
1年生	240	240人の25% → $240\times0.25=60$
2年生	x	x人の30% → $0.3x$
3年生	y または $x+15$	y人の40% → $0.4y$
全体	上3つを足して，$240+x+y$	上3つをたして，$60+0.3x+0.4y$　または $(240+x+y)$人の32% → $0.32(240+x+y)$

複雑な文章題が図でまとめにくいときは表でまとめるのも役立ちますよ。

Advice

作った表の同じ場所に複数の情報が入っていたら，等式としてつなぎましょう。

$\begin{cases} y=x+15 \\ 0.32(240+x+y)=\ 60+0.3x+0.4y \end{cases}$ を解けばよい。

2つ目の式の両辺を100倍して小数をなくすと，

$32(240+x+y)=\ 6000+30x+40y$ となり，これを整理すると，

$-2x+8y=1680$

$y=x+15$を代入して，$x=260$，$y=x+15=275$

以上より，この中学校の2年生の生徒数は260人，3年生の生徒数は275人

１次関数

① yが10から19まで変化するので，
yの変域は $10 \leqq y \leqq 19$，
増加量は $19-10=9$

変域や増加量を聞かれたら表を作ってまとめるといいですよ。

x	4	…	7
y	$3\times4-2=10$	…	$3\times7-2=19$

② $y=ax+b$と表せるとき、
変化の割合が4なので $y=4x+b$
これが点$(5, 13)$を通るので，
$x=5$ と $y=13$ をそれぞれ代入して，
計算すると$b=-7$　以上より，$y=4x-7$

１次関数が出てきたら$y=ax+b$の基本形を意識しましょう。

③ $2x+3y+6=0$を変形して，$y=-\dfrac{2}{3}x-2$

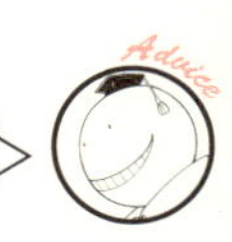

グラフを書くときは$y=$○の形にしてから考えるのが基本です。

$x=0$のとき，$y=-2$で、$x=3$のとき，$y=-4$
なので，点$(0, -2)$と点$(3, -4)$を通る直線が求めるグラフ。

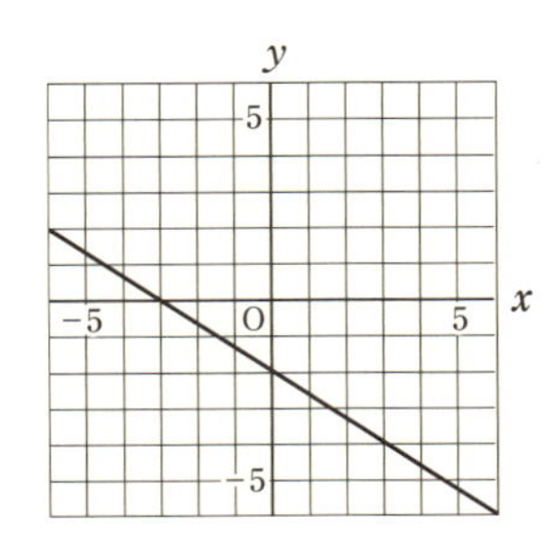

計算がしやすそうなxの値を2つ選んでグラフが通る点を求めましょう。

④
(1)　20分で水面の高さが40 cm高くなったので，1分あたりにすると毎分2cmで、14分後には，$14\times2=28$cm

⑵　わからない部分を文字にして表にまとめてみる。

	①	給水管Aを開ける	②	排水管Bを開ける	③	排水管Cを開ける	④
分	0	➡	20	➡	40	➡	a
毎分の高さの変化(cm)		2 (1)の答え		−0.5 排水管B		−0.5+(−1.5)=−2 排水管B+C	
水面の高さy(cm)	0	➡	40	➡	30	➡	0

毎分−0.5cmで20分経過したので，40−0.5×20=30cm

aについて：高さ30cmの水面が
毎分2cm低くなっていくので，
15分で0 cmになる。
よって，$a=40+15=55$(分)
上の表の①～④に対応する点を
順番に結んでいくと求めるグラフになる。

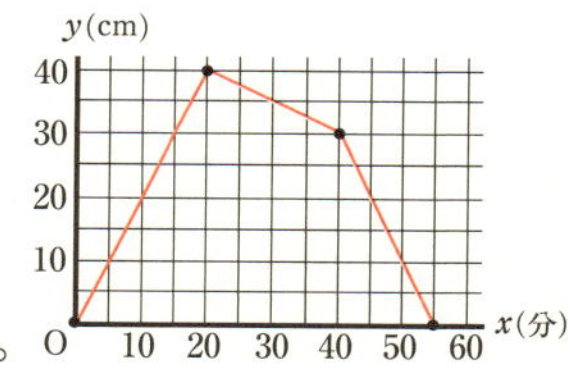

⑶　⑵のグラフから，水そうの底から水面までの高さが
16cmになる場合は，下の2つ。

1回目：0分～20分の間のどこか（このとき高さは毎分2cm高くなる）
2回目：40分～55分の間のどこか（このとき高さは毎分2cm低くなる）

1回目のとき，0分（高さ0cm）からt分後の高さyは，$y=0+2t=2t$
yが16になるのは$t=8$のときなので，0分から8分後，つまり水を
入れ始めてから8分後に高さが16cmになる。
2回目のとき，40分（高さ30cm）からt分後の高さyは，$y=30-2t$
yが16になるのは $t=7$ のときなので，40分から7分後，
つまり水を入れ始めてから47分後に高さが16cmになる。
以上より，8分後と47分後

⑤
⑴　点Bは直線gとx軸の交点なので，点Bのy座標は0
また，直線gは傾きが−1なので，直線gの式を $y=-x+a$ とすると，
$y=0$ を代入して，$x=a$ が点Bのx座標となる。
$x=1$ で直線g: $y=-x+\mathrm{a}$ が $y=2x$ と交わるので，
$a=3$ となり，点Bの座標は(3, 0)

⑤
(2)　図にしてみると右のようになる。
底辺を線分QRとして三角形AQRの面積を求めると、高さは1で、
(底辺QRの長さ)＝
(点Qのy座標)－(点Rのy座標)＝
4－1＝3
以上より，三角形AQRの面積は，
$\frac{1}{2}\times3\times1=\frac{3}{2}$

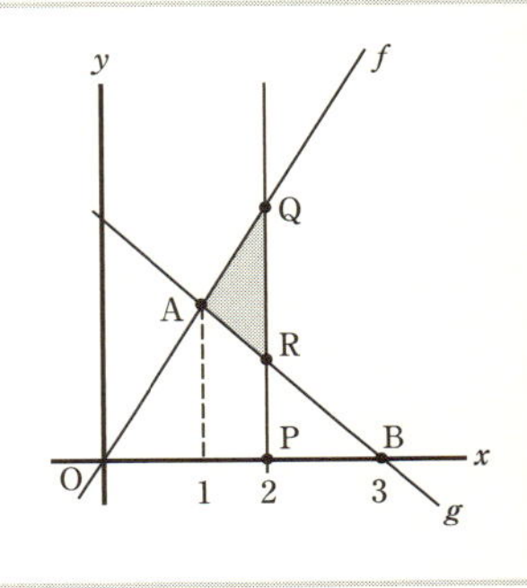

図形の調べ方

① 60°
外角の和は必ず360°になる。
正多角形の場合は内角がすべて等しく、
したがって外角もすべて等しいので $\frac{360}{6}=60°$

② 六角形
n角形内部に作れる三角形は
n−2個なので、内角の和について
180×(n−2)=720を解く。

③ 108°
$\angle DBC=x, \angle DCB=y$と置く。
三角形の内角の和より$\angle BAC=180°-2x-2y$
$\angle BDC=180°-x-y$がなりたつので、
$\angle BDC=3\angle BAC$に代入して、$x+y=72°$
$\angle BDC=180-(x+y)=108$
$\angle BDC=108°$ となる。

④ 77°

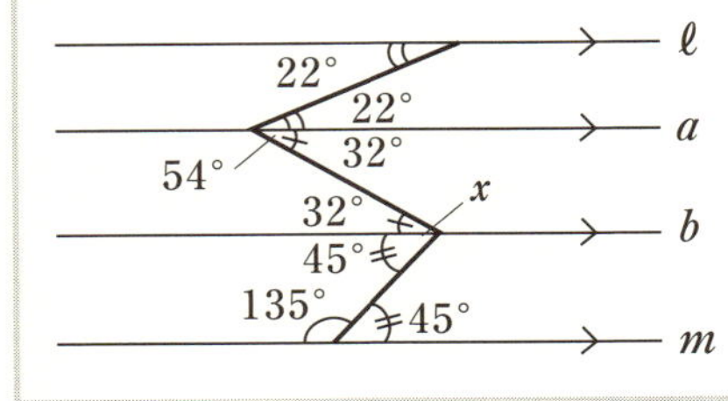

平行線a, bのように
補助線を引くといいですよ。

Advice

⑤ 2,3 2組の対辺が平行なので四角形ABCDは平行四辺形。
条件2を満たすとき、平行四辺形の対角が等しいことと
あわせて、4つの内角がすべて等しい。四角形の内角の和
は360°なので内角はすべて直角とわかり、長方形といえる。
条件3を満たすとき、AC=DBかつ平行四辺形の対辺は
等しいのでAB=DC、さらに辺BCは共通。よって、3組の辺
がそれぞれ等しいことから、△ABC≡△DCB
なので、∠ABC=∠DCBのはず。これは示す角は
異なるが条件2と同じ。条件1または4が加わるとひし形。
なので、条件2,3が正解。

⑥ 47° △EBCは二等辺三角形なので、∠EBC=∠ECB=58°
AB//DCより∠BCD=180°−∠ADC=105°
x=∠BCD−∠ECB=47° になる。

⑦ 52° AD//BCの錯角で∠ACB=∠CAD=64° さらに、
△ABCは二等辺三角形なので∠ACB=∠ABC=64°
∠BAC=180°−∠ABC−∠ACB=52°

合同な図形と証明

最終的に示したいことが
三角形の合同ではない
ときも、合同な図形の角や
辺が等しい性質を使うため、
合同の証明をすることも
あります。

① △QAPと△QBPにおいて、
仮定より同じ円の半径なのでPA=PB…❶
共有する辺なのでPQ=PQ…❷
仮定よりQはA,Bを中心とした
等しい半径の円の交点なのでAQ=BQ…❸
❶❷❸より3組の辺がそれぞれ等しいことから
△QAP≡△QBP よって、∠QPA=∠QPB…❹
また、一直線上の角は180°なので∠QPA+∠QPB=180°…❺
❹❺より∠QPA=$\frac{180}{2}$=90° したがって、PQ⊥ℓ

② △PAOと△QCOにおいて、
平行四辺形の対角線は中点で交わるのでAO=CO…❶
平行線の錯角より∠PAO=∠QCO…❷
対頂角より∠POA=∠QOC…❸
❶❷❸より1組の辺とその両端の角がそれぞれ等しいので
△PAO≡△QCO よって、AP=CQ

③　△ABFと△BCGにおいて、
仮定より∠AFB=∠BGC=90°…❶
仮定より正方形ABCDでAB=BC…❷
ここで、正方形のひとつの内角は90°より∠ABF=90°−∠GBC…❸
また、三角形の内角の和より∠BCG=90°−∠GBC…❹
❸❹より∠ABF=∠BCG…❺
❶❷❺より直角三角形の斜辺と1つの鋭角がそれぞれ等しいので
△ABF≡△BCG

④　平行四辺形ABCDよりEB//FD…❶
仮定よりEB=$\frac{2}{3}$×AB…❷　　仮定よりFD=$\frac{2}{3}$×CD…❸
平行四辺形ABCDよりAB=CD…❹
❷❸❹よりEB=FD…❺
❶❺より1組の対辺が平行でその長さが等しいため
四角形EBFDは平行四辺形

確率

①　1回のくじでどの色でも引く確率は $\frac{1}{3}$
よって、赤を2回引く場合も白を2回引く場合も
確率は積の法則より $\frac{1}{3}\times\frac{1}{3}=\frac{1}{9}$
この2つの事象は同時に起こらないので、和の法則より $\frac{2}{9}$

②　1回目に取り出したカードによって
2回目に取り出せるカードが変わるので,
樹形図を使って考える。
つくる2けたの整数が35以上になるとき
のみを書き出すと右の図のようになる。
5×4=20通りある2枚のカードの
取り出し方のうち, 9通りが
35以上になるので、$\frac{9}{20}$

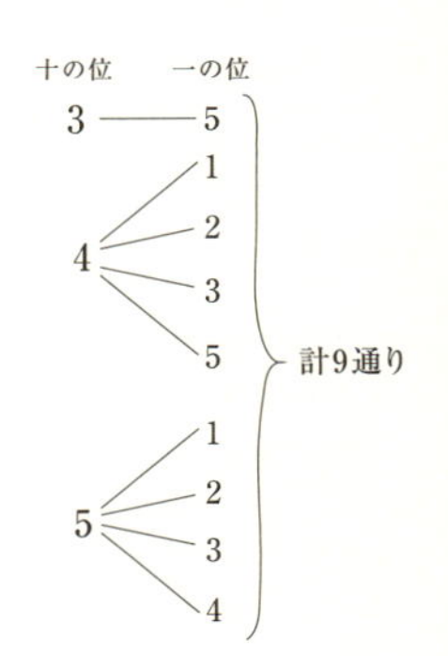

③　カードを取り出す順番は関係がないので，2枚とも奇数か2枚とも偶数なら和は偶数になる。樹形図にして数える。

奇数　奇数　　偶数　偶数

1 ─ 3　　　2 ─ 4
1 ─ 5

3 ─ 5

樹形図から，4通り

このような場合は，例えば「1と5」，「5と1」というような同じ組み合わせを重複して数えないように，ルールを決めて樹形図を書きましょう。今回はカードを小さい方から並べています。

Advice

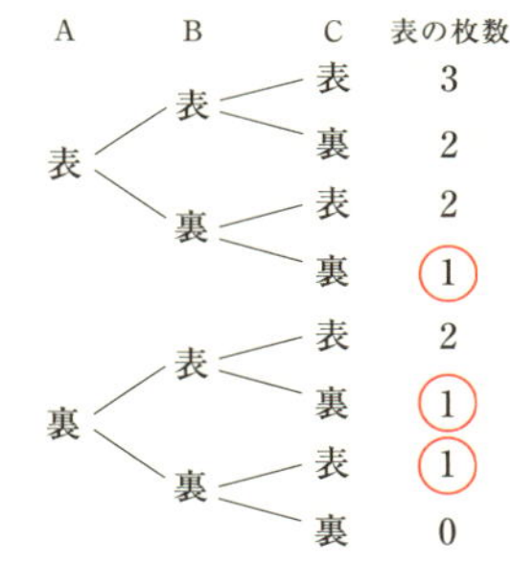

④　樹形図を書いて解く。
該当するのは右の3通りなので，
答えは $\frac{3}{8}$

⑤　サイコロの問題は表にして解く。
6マス×6マスの表を作って
出た目の数の和を記入していくと、
目の和が5の倍数になるのは
7マスなので，求める確率は $\frac{7}{36}$

		Bの目					
		1	2	3	4	5	6
Aの目	1	2	3	4	5	6	7
	2	3	4	5	6	7	8
	3	4	5	6	7	8	9
	4	5	6	7	8	9	10
	5	6	7	8	9	10	11
	6	7	8	9	10	11	12

⑥
⑴点Pは1秒後にはB，D，Eのどこかにいる。さらに1秒経過したときにAに戻っているためには，いま来た方向に戻らなければならない。どの点からも，特定の方向に向かう確率は $\frac{1}{3}$ なので，
答えは $\frac{1}{3}$

毎回3通りの動き方があるので，3×3×3=27通りの樹形図を書いても答えは出せますが，時間がかかります。
工夫して考えてみましょう。

(2)　3秒後にGにいるためには2秒後の時点でC，H，Fのどこかにいる必要がある。Aから2秒でCにうつるにはA→B→CまたはA→D→Cをたどる必要がある。同様に，H，Fでもそれぞれ2通りのルートがあるので，3秒後にGにたどり着くルートは6通り。
ある特定のルートをたどる確率は，$\frac{1}{3}\times\frac{1}{3}\times\frac{1}{3}=\frac{1}{27}$なので，
$\frac{1}{27}\times6=\underline{\frac{2}{9}}$

(3)　3点を結んで三角形を作るには，3つの点が異なりかつ一直線上に並ばない必要がある。立方体の8つの頂点のうちどの2つを結んでも、その直線上に他の頂点は存在しないので，立方体の異なる3つの頂点を結べば必ず三角形ができる。
したがって、1～3秒後の間にそれまでに通ったことのない点に移動しつづける確率を求めればよい。
単純に、1秒前にいた点に戻らないというルールで移動してみると、どのように移動しても1～3秒後の間の2回の移動では通ったことのある点にたどりつけないことがわかる。
これは、正方形の辺が4本なので、同じ辺を2回たどらずに戻ろうとすると少なくとも4回の移動が必要になるためである。
よって、1～3秒後の間にこのルールにしたがい移動した確率を計算すればよい。0→1秒後はどの方向に移動してもよいので、ルールに従って移動する確率は1
0秒目にいた点は三角形を作る3点に含まれないので、1→2秒後もどの方向に移動してもよく、同様に確率は1
2→3秒後は2秒目にいた方向には移動できないので、確率は$\frac{2}{3}$
これから各秒でのルールに従う確率の積を考えて、
$1\times1\times\frac{2}{3}=\underline{\frac{2}{3}}$

式の展開と因数分解

① $(x+a)(x-a)=x^2-a^2$ なので、x^2-9

② $(2x+9)(2x-9)$

③ 共通因数をくくりだして、
$-2y(x^3-1)=-2y(x-1)(x^2+x+1)$

②は $a^2-b^2=(a+b)(a-b)$ の公式を使って解きますよ。

平方根（ルート）

① $\sqrt{20}+\sqrt{15}\div\sqrt{3}=2\sqrt{5}+\sqrt{\dfrac{15}{3}}=2\sqrt{5}+\sqrt{5}=3\sqrt{5}$

√の中身が同じものしか
たし算やひき算はできません！
例）$\sqrt{2}+\sqrt{3}=\sqrt{5}$ は間違いです。

② 分母と分子に $\sqrt{7}+\sqrt{2}$ をかけると、

$$\frac{5(\sqrt{7}+\sqrt{2})}{(\sqrt{7}-\sqrt{2})(\sqrt{7}+\sqrt{2})}=\frac{5(\sqrt{7}+\sqrt{2})}{(\sqrt{7})^2-(\sqrt{2})^2}$$

$$=\frac{5(\sqrt{7}+\sqrt{2})}{5}=\sqrt{7}+\sqrt{2}$$

分母にルート同士のたし算や
ひき算があったら、このように
たし算とひき算を入れかえた
数をかけるとうまくいきます。
よく使うので覚えておきましょう！

③ 正の数は2乗しても大小関係は変わらないので、

$(\sqrt{7})^2=7,\ 3^2=9,\ \left(\dfrac{6}{\sqrt{6}}\right)^2=6$ で、$6<7<9$ より、$\dfrac{6}{\sqrt{6}}<\sqrt{7}<3$

負の数は2乗したら大小関係が入れかわるので注意しましょう。

④ まずは不等式を作る。$-\dfrac{7}{3}<n<\sqrt{11}$ より、$-\dfrac{7}{3}<n$ かつ
$n^2<11$ なので、$n=-2, -1, 0, 1, 2, 3$ の6つ

⑤ 216を素因数分解すると、$216=2^3\times3^3$ より、
$\sqrt{216n}=6\sqrt{6n}$ したがって、$n=6$

ルートの中に2乗を残してはいけません！

2次方程式

① 左辺を因数分解すると、$(x-3)^2=0$ $x=3$

② たすきがけより $(2x-3)(x-5)=0$ $x=\frac{3}{2}, 5$

③ **1** すべての項を左辺に持ってくる。 $(x-2)(x+2)-3x=0$
2 展開して整理する。 $x^2-3x-4=0$
3 因数分解する。 $(x-4)(x+1)=0$ $x=-1,4$

④ **1** 因数分解できないか確かめる。
かけて−3、たして5になる数字…→無い
2 解の公式を使う。 $x=\frac{-5\pm\sqrt{37}}{2}$

解の公式は覚えておきましょう。

⑤ **1** 左辺に項を集めて整理する。 $x^2-3x+1=0$
2 因数分解できないか確かめる。
かけて1、たして−3 になる数字…→無い
2 解の公式を使う。 $x=\frac{3\pm\sqrt{5}}{2}$

関数 $y=ax^2$

① $x=2$ を代入すると、$y=4\times2^2=16$ $y=16$
$y=36$を代入すると、$36=4x^2$ $x^2=9$ $x=\pm3$

±を付けるのを忘れないようにしましょう。

② $x=1$のとき、代入すると $y=a$
$x=3$のとき、代入すると $y=9a$
したがって、変化の割合を文字で表すと、
$\frac{9a-a}{3-1}=4a$
変化の割合は2なので、$4a=2$ $a=\frac{1}{2}$

変化の割合とは $\frac{y\text{の増加量}}{x\text{の増加量}}$ です。

③ $x=3$ と $y=6$ を代入すると、$6=9a$ $a=\frac{2}{3}$

④ yはx^2に比例する。
x^2の変域は $0\leqq x^2\leqq16$ なので、$0\leqq y\leqq8$

$y=ax^2$の変域の問題では、xの変域の両端が最大値や最小値になるわけではないことに注意しましょうね。

⑤

(1) $y=x+12$ を $y=x^2$ に代入すると、

$x+12=x^2$

$x^2-x-12=0$

$(x+3)(x-4)=0$ より、$x=-3,\ 4$ を $y=x^2$に代入して、

$(-3,9),(4,16)$

(2) $y=3x-8$ を $y=-\frac{1}{2}x^2$ に代入すると、

$3x-8=-\frac{1}{2}x^2$

$\frac{1}{2}x^2+3x-8=0$

$x^2+6x-16=0$

$(x+8)(x-2)=0$ より、$x=-8,\ 2$ を $y=-\frac{1}{2}x^2$に代入して、

$(-8,-32),(2,-2)$

⑥

(1) ❶のグラフは点B$(4,-8)$を通るので、代入すると、

$-8=a\times4^2$

$16a=-8$

$a=-\frac{1}{2}$

(2) まず点Aの座標を求める。点Aは放物線❶上の点なので、

$y=-\frac{1}{2}x^2$に$x=-6$を代入すると、

$y=-\frac{1}{2}\times(-6)^2$

$=-18$

したがって、点Aの座標は$(-6,\ -18)$

直線ℓは点A$(-6,-18)$と点B$(4,-8)$を通るので、直線ℓの傾きは、

$$\frac{-6-4}{-18-(-8)}=\frac{-10}{-10}=1$$

したがって、直線ℓの式は、

$y-(-8)=x-4$

$y=x-12$

相似な図形

①　対応する辺の比から相似比は4:3。したがって、面積比は16:9
ABの長さに関して、4:3=AB:6なのでこれを解いてAB=8cm

②　△ABCと△PRQは2組の角がそれぞれ等しいので
△ABC∽△PRQ
△DEFと△JLKは2辺の比とその間の角がそれぞれ等しいので
△DEF∽△JLK
△GHIと△MNOは3辺の比がすべて等しいので△GHI∽△MNO

③　12:(30−12)=14:x なのでこれを解いて x=21cm

④　△ABFと△DEFにおいて、中点連結定理よりED//AB。
したがって平行線の錯角より∠ABF=∠DEF　……❶
∠BAF=∠EDF　……❷
❶❷より三角形の2組の角がそれぞれ等しいので
△ABF∽△DEFである。

三平方の定理

①　三平方の定理より、$x^2=5^2+12^2=169$ なので、$x=13$
三平方の定理より、$y^2=x^2-10^2=69$ なので, $y=\sqrt{69}$

斜辺以外の長さを知りたい時も、三平方の定理が使えます。

②

図にできるものはまず図にしてみる。長さを求めたいときは、
2辺の長さがわかる直角三角形を探すクセをつけましょう。

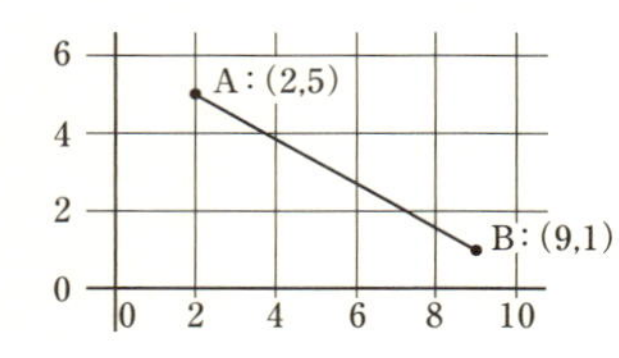

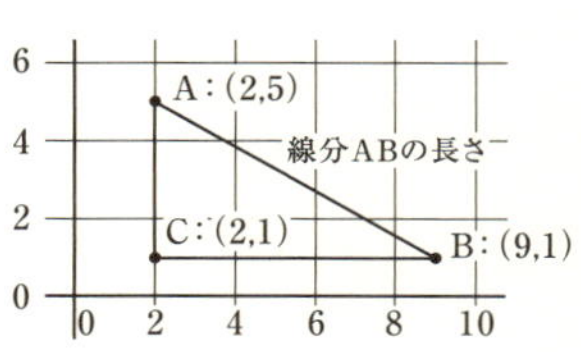

上の図のように点C(2, 1)考えると、三平方の定理から、
(線分ABの長さ)$=\sqrt{4^2+7^2}=\sqrt{65}$

③　△MEFはどんな三角形か?→点Mが辺CDの中点なので、△MEFは二等辺三角形→辺EFの中点を点Nとすると底辺が辺EF、高さが線分MNに対応する。

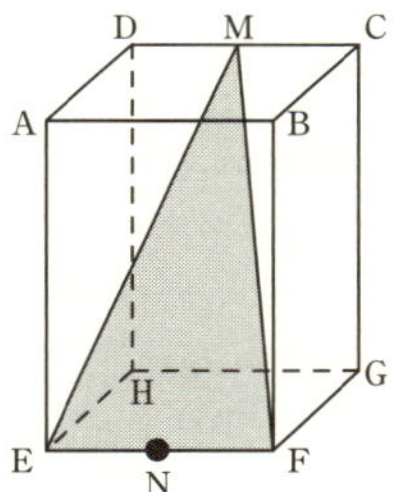

長さを求めたいときは、2辺の長さがわかる直角三角形を探すクセをつけましょう。

辺GHの中点を点Oとすると、下の図のように直角三角形が作れる。

線分MNの長さを$x$cmとすると、三平方の定理から、
$x=\sqrt{3^2+5^2}=\sqrt{34}$
よって、△MEFの面積は、
$\frac{1}{2}\times4\times\sqrt{34}=2\sqrt{34}\text{cm}^2$

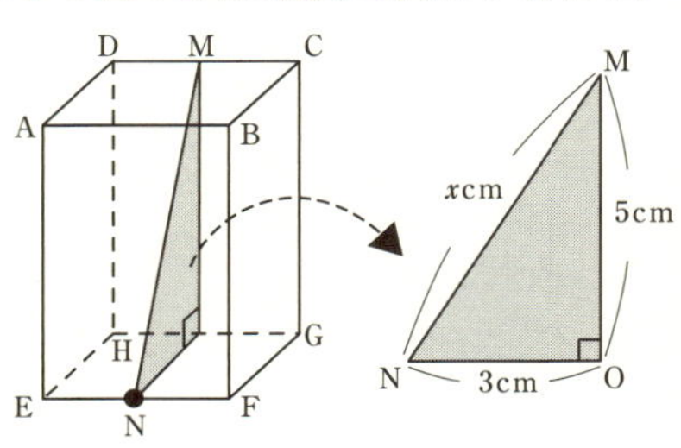

円

①　(1) ∠ACBはターレスの定理より、90°
三角形の内角の和から、$x=180°-(90°+58°)=32°$
(2) ∠yに対応する弧を考えると、円周角の定理より$y=20°$

②　円周角の定理より
$\angle BAC=\frac{1}{2}\angle BOC=\frac{1}{2}\times110°=55°$
内角の和を考えると、四角形ABOCについて、
$55°+15°+(360°-110°)+x=320°+x$
四角形の内角の和は360°なので、$x=40°$

円が出てくる角度計算では円周角と中心角の他に内角の和もよく使われますよ。

③　右のおうぎ形を考えると、半径は10cmで
中心角$\angle BOC = 2 \times \angle BAC = 72°$（円周角の定理）
弧の長さは、

$$(\text{円周}) \times \frac{\text{中心角}}{360°} = (2 \times \pi \times 10) \times \frac{72°}{360°} = 4\pi\text{cm}$$

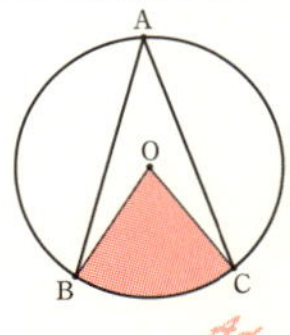

弧の長さを聞かれたら、おうぎ形を探し半径と中心角を求めましょう。

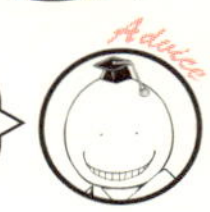

④　まずは問題文からわかることをまとめる。
線分ABは円Oの直径→∠ACB=90°→∠ACDも90°
AB=AD→三角形ABDは二等辺三角形→∠ADC=∠ABC
AE⊥FG→∠FGE=90°

複雑な相似の問題では、問題文の情報をまとめる→
対象とする2つの三角形の角の情報と辺の情報の数を確認する→
どの相似条件を使うかを考えるのです。

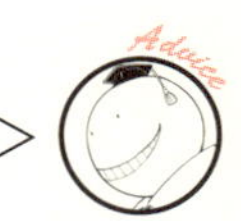

ここまでで、

1：∠ACD=∠FGE=90°　2：∠ADC=∠ABC

2つの角の情報があるので、
「2組の角がそれぞれ等しい」を
利用して相似を示す。
2から、
∠ABCと∠FEGの関係を考えてみる。

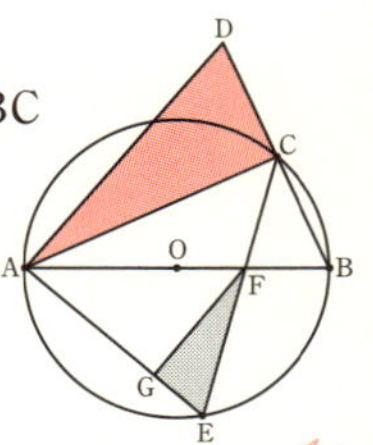

複雑な円と角の問題では、角と弧の対応関係を行き来してみましょう。

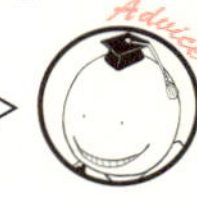

線分ABは円Oの直径だから、ターレスの定理から
∠ACB=90°　よって∠ACD=90°　……❶
仮定よりAB=ADだから、∠ADC=∠ABC　……❷
また仮定よりAE⊥FGだから、∠FGE=90°　……❸
❶❸より∠ACD=∠FGE=90°　……❹
円周角の定理より∠ABC=∠AEC=∠FEG　……❺

❷❺より∠ADC=∠FEG ……❻

❹❻より、三角形ACDと三角形FGEにおいて、

2組の角がそれぞれ等しいから、△ACD ∽ △FGE

標本調査

① $\dfrac{\text{印をつけた鯉の数}}{\text{池の中の鯉の総数}} = \dfrac{\text{再び捕まえた時に印のついていた鯉の数}}{\text{再び捕まえた鯉の総数}}$

と考えることができるので、池の中の鯉の総数をNとすると、

$\dfrac{60}{N} = \dfrac{9}{60} \longrightarrow N = \dfrac{60\times60}{9} =$ 400匹

② 答え：ウ

イ・エは完全に正確な数が必要となるので標本調査は適切ではない。
アの国勢調査は性別や年代の分布や人口など、他の調査の基礎となる調査であるため全数調査が行われる。
ウの世論調査は完全に誤差のない正確な情報が必要ではなく、かつ、母集団が非常に大きいものであるため、標本調査が適切である。

★標本調査には誤差が含まれるため、誤差のない情報が必要な調査には適していません。
★標本調査は母集団が非常に大きい場合に適しているのですが、国勢調査など誤差のない情報が必要な場合は全数調査を行う場合もあります。

③

(1) 平均値$=\dfrac{\text{合計値}}{\text{項目数}}$ なので、$\dfrac{(9+7+9+7+11+8+6+7)}{8} =$ 8枚

(2) (1)から、平均して20枚中8枚の10円硬貨が「平成」と記されていたことが分かる。したがって標本調査の結果、「平成」と記された10円硬貨の割合は $\dfrac{8}{20}\times100=40\%$ であり、母集団である箱の中の10円硬貨全体にもこの割合が適用できると考えられる。したがって、

$\dfrac{1500\times40}{100}=600$ 答え：(およそ)600枚

担当：中村莉桜（なかむらりお）

3年E組数学レポート

海外交流にも役立つ？
世界の幸運（ラッキー）&不吉（アンラッキー）ナンバー

日本では幸せの数字でも、他の国では嫌われている数字もある。
逆もしかり。そんなわけで世の中の幸運&不吉な数字を集めてみたよ。

3
幸運[アメリカ][ロシア]など
不吉[ベトナム]など

ロシアなどでは「三位一体」を表す幸運の数字と呼ばれているわ。神崎さんの誕生日は3月3日だったわね。

ありがとう、中村さん。

「友情」「努力」「勝利」も3つだわ!!

不破ちゃん、強引すぎ…

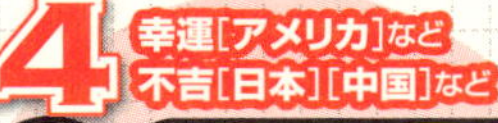

4
幸運[アメリカ]など
不吉[日本][中国]など

日本では不吉って言われてる番号だけど…。

理由は漢字を使う国では「死」を連想させるからね。でも、欧米の一部では「東西南北」や「四葉」を表すから幸運の番号でもあるらしいよ。

良かったー！　私の出席番号だからすごい気になってたのよね

7
幸運[アメリカ][日本]など
不吉[ベトナム]など

へへ、私の出席番号だよ。ラッキーセブンって世界共通じゃないんだ？

ベトナムでは7の発音が「失う」と同じだから避けられているのよ。

「失う」＝「0」だから、茅野にはお似合いの番号かもな。

どーゆことよ!!

8
幸運[中国][日本]など
不吉[アメリカ]など

中国では特に人気の数字。富と繁栄を意味してて、ゾロ目にするとさらに成功すると言われているわ。

そういえば、北京オリンピックの開会式も2008年8月8日午後8時からスタートしてたね。

ちなみに欧米では「悪魔の化身」と言われる8本足のタコを連想させるから忌み嫌われているのよ。

13
幸運[イタリア]など
不吉[アメリカ]など

13が不吉というのは諸説あるけど、宗教的な部分が一番大きいわ。海外では「13階」や「13号室」がないことが多いわよ。

クックック、不吉な番号の代表格ね。呪術でも良く使う数字よ。

イタリアだと「トトカルチョ」で、13試合すべて当てると1等になるから、ラッキーナンバーとして好まれているみたいだよ。

ハイレベル問スター
モン
初級編
high level monster

1 連立方程式$\begin{cases} ax+y=1 \\ 2x+y=2 \end{cases}$について，以下の問いに答えよ。

(1)　$a=1$のとき，この連立方程式を解け。〔連立方程式〕

(2)　$a=2$のとき，この2つの式をともに満たすxとyは存在しない。
この理由を，1次関数のグラフを用いて説明せよ。〔連立方程式〕〔1次関数〕

(3)　2つの不等式 $p \leqq x \leqq p+3$, $q \leqq x \leqq q+3$ があるとき，
この2つの不等式をともに満たすxが存在するためにはpとqが
どのような関係になっていなければならないか。数直線を用いて答えよ。
〔連立方程式〕〔正の数・負の数〕

2 ある鉄道の旅客運賃計算規則は下記のとおりであり，
それによると，距離が319km，349kmのときの運賃は，
それぞれ970円，1010円となる。下記の文中のa，bにあてはまる
数を求めよ。ただし，a，bはともに0.1の整数倍の数である。〈東京大学〉

> 旅客運賃は，距離が300km以下の分に対しては1kmにつき［ a ］円，
> 300kmを超過した分に対しては1kmにつき［ b ］円として計算し，
> その結果において，10円未満の端数は10円に切り上げるものとする。

①の(3)の問題は②を解くためのヒントだよ。
②は考える順番を間違えると上手くいかないかも
しれないね〜。条件を冷静にかみくだいてみなよ。

かなり手強いな。

1 -解説と解答-

(1) 連立方程式 $\begin{cases} x+y=1 \\ 2x+y=2 \end{cases}$ を解く。 **$x=1,\ y=0$**

(2) 連立方程式 $\begin{cases} 2x+y=1 \\ 2x+y=2 \end{cases}$ を考える。グラフは下記となる。

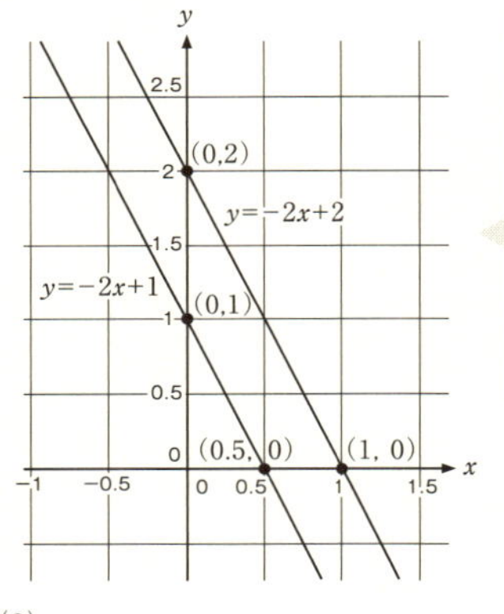

この2つのグラフは平行になっていて
交わることがない。
連立方程式が解をもつためには、2つの1次関数が交点を持つことが必要だから、
この連立方程式は解をもたない。
よって、$a=2$のとき、この2つの式を
ともに満たすxとyは存在しない。

連立方程式を解くのは交点を求めるのと
同じなのは、もう勉強しましたね。

(3)

数直線上に $p \leqq x \leqq p+3$ 、
$q \leqq x \leqq q+3$ の範囲を書く。
例えば、$p=3$、$q=8$のとき、
2つの範囲は右図①のようになる。
$q=3$、$p=8$のときは右図②のようになる。

①
0　p　$p+3$　q　$q+3$　x

②
0　q　$q+3$　p　$p+3$　x

この2つの場合とも、数直線上に示された
2つの範囲は重ならないので、
2つの範囲を同時に満たすxは存在しない。

③
0　p　q　$p+3$　$q+3$　x

この2つの範囲を同時に満たす
xが存在するのは、右図③のように、
数直線上で2つの範囲が重なり合う場合である。

したがって、この2つの不等式をともに満たすようなxが存在するには、

$p \leqq q+3$ と $q \leqq p+3$ となる。

具体的な数字で考えれば、イメージがしやすいよね。
さあ、この不等式の考え方をヒントに、2を解こう。

2 -解説と解答-

問題文を整理して、細かい部分を考えましょう。

●「a, bはともに0.1の整数倍の数」

aやbは例えば2.5とか4.1とか7.7のように
小数点第一位刻みの数字になるということだね。

●「距離が300km以下の分に対しては1kmにつきa円、300kmを超過した分に対しては1kmにつきb円」

300km以下は300kmを含んで, 300kmを超過っていうのは
300kmを含まないんだよね。これを使って計算した運賃を
「計算上の運賃」って言うことにしよう。

●「10円未満の端数は10円に切り上げる」

例えば計算上の運賃が421円とか567円だとすると、
最終的な運賃はそれぞれ430円、570円だね。
逆に、**最終的な運賃が430円だったとしても**
計算上の運賃は420.1円、420.2円、・・・、430円までの
どれだかはわからないから注意が必要だ。

それでは、具体的に計算してみましょう。

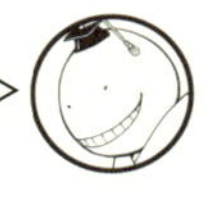

距離が319kmのとき, 計算上の運賃は, $300a+19b$円, 最終的な運賃は
970円なので, $300a+19b$は960.1, 960.2, ・・・, 970のどれか。

$$960.1 \leqq 300a+19b \leqq 970 \quad \cdots\cdots ①$$

距離が349kmのときも同じように考えて、不等式を使って考える。

$$1000.1 \leqq 300a+49b \leqq 1010 \quad \cdots\cdots ②$$

じゃあまずは、1の(3)で考えたように、
この不等式が成り立つための前提条件を考えてみよう。
bが存在する条件をまず考える。

不等式は等式と同じように数字をたしたりかけたりできるね。
bだけが真ん中にくるように計算してみよう。

①より $\dfrac{960.1-300a}{19} \leqq b \leqq \dfrac{970-300a}{19}$ ……………………③

②より $\dfrac{1000.1-300a}{49} \leqq b \leqq \dfrac{1010-300a}{49}$ ……………………④

こういうbが存在するために必要な条件は、1の(3)から、

$$\frac{960.1-300a}{19} \leqq \frac{1010-300a}{49}$$

$$\frac{1000.1-300a}{49} \leqq \frac{970-300a}{19}$$

両辺に19×49をかけて計算していくと、上の不等式は

$3.0949\cdots \leqq a$ と $a \leqq 3.1697\cdots$

つまり、**$3.0949\cdots \leqq a \leqq 3.1697\cdots$** になる。

aは0.1刻みの数だから、この範囲にaがあるのなら3.1しかあり得ない。**aは3.1。**
③と④の不等式にa=3.1を代入する。

$1.5842\cdots \leqq b \leqq 2.1052\cdots$
$1.4306\cdots \leqq b \leqq 1.6326\cdots$

bも0.1刻みの数だから、この2つをともに満たすbは1.6だけだ。なので、答えは…

a=3.1, b=1.6

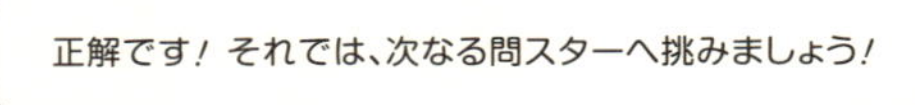

正解です！ それでは、次なる問スターへ挑みましょう！

1 図のように，2直線$y=px$，$y=qx$が原点で垂直に交わっている。
2点P$(1, p)$，Q$(1, q)$を考えたとき，三角形OPQが
直角三角形になることを利用して，pとqの関係を求めよ。

三平方の定理　1次関数

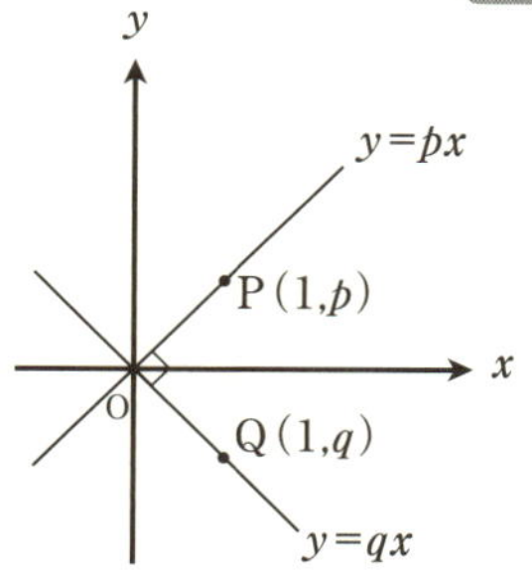

2 関数$y=\dfrac{1}{3}x^2$……①のグラフ上に3点A，B，Cがある。
A，Bの座標は A$\left(-2, \dfrac{4}{3}\right)$，B$\left(1, \dfrac{1}{3}\right)$であり，$\angle ABC=90°$である。

〈開成高等学校〉

(1)　点Cの座標を求めよ。 1次関数　関数$y=ax^2$　2次方程式

(2)　3点A，B，Cを通る円と①のグラフの交点でA，B，Cと異なるものをDとする。点Dの座標を求めよ。 円　2次方程式

(3)　点Bと異なる①のグラフ上の点Pのうち，△APCと△ABCの面積が等しくなるようなものの座標をすべて求めよ。 相似な図形　関数$y=ax^2$　2次方程式

1 -解説と解答-

点Pと点Qの座標(=距離の情報)が与えられていて、三角形OPQが直角三角形だから、この2つを結びつける三平方の定理を使う。

(OPの長さ)^2+(OQの長さ)^2=(PQの長さ)^2

OPとOQの長さも三平方の定理で求められる。

$$\underset{(\text{OPの長さ})^2}{\underline{(1^2+p^2)}} + \underset{(\text{OQの長さ})^2}{\underline{(1^2+q^2)}} = (p-q)^2$$

$$p^2+q^2+2 = p^2-2pq+q^2$$

整理すると、$\boldsymbol{pq=-1}$

傾きをかけて−1になる直線どうしは垂直に交わると覚えておきましょう。
逆に垂直に交わるならば
傾きをかけると −1になりますよ。

2 -解説と解答-

雰囲気をつかむために
グラフを書いてみるとよいよ。

(1)　ここでは[1]で求めた関係を使って解く。

直線ABの傾きはxの値が3増えると

yの値が1減るので、$-\dfrac{1}{3}$

これと垂直に交わる直線BCの傾きは3になる。

点Cの座標を$\left(c, \dfrac{1}{3}c^2\right)$とすると、

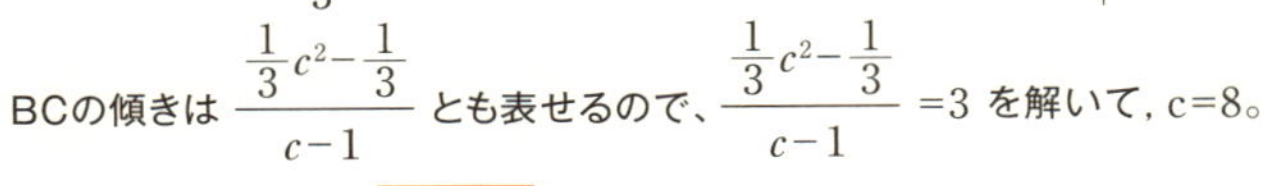

BCの傾きは $\dfrac{\frac{1}{3}c^2-\frac{1}{3}}{c-1}$ とも表せるので、$\dfrac{\frac{1}{3}c^2-\frac{1}{3}}{c-1}=3$ を解いて, c=8。

よって、点Cの座標は $\boldsymbol{\left(8, \dfrac{64}{3}\right)}$

(2)

直角三角形と円が出てきましたね。
角度と円が絡んで出てきたら
毎回円周角の定理を疑いましょう。
円の直径と円周角の関係を思い出して
右のような図がかけていたら上出来です。

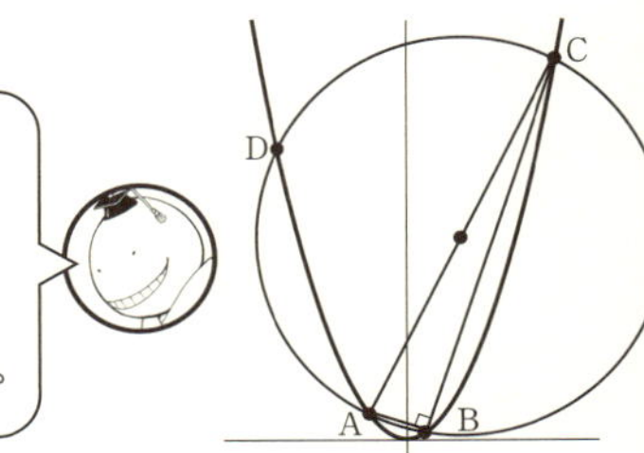

さぁ、点Dの座標を求めてみよう。

点Dは円周上にあり、ACは直径なので円周角の定理より、∠ADC＝90°つまりAD⊥CDとなる。

(1)と同じように、直線ADと直線CDの傾きをかけると－1になることを利用する。

点Dの座標を$(d, \frac{1}{3}d^2)$とすると、

$$(\text{直線ADの傾き})\times(\text{直線CDの傾き})=\frac{\frac{4}{3}-\frac{1}{3}d^2}{-2-d}\times\frac{\frac{64}{3}-\frac{1}{3}d^2}{8-d}=-1$$

これを計算すると，$d^2+6d-7=0$ となって，$d=1, -7$

$d=1$だと点Bと一緒になってしまうので，dは -7 だ。

求める座標は $\boxed{\left(-7, \frac{49}{3}\right)}$

(3)

三角形の面積がどういうときに等しくなるのかをまず考えましょう。
△APCと△ABCは辺ACが同じなので、これを底辺とすると、点Bから辺ACまでの距離と点Pから辺ACまでの距離が同じになればいいですね。

直線ACを平行にずらした直線を考えると、この直線上の点は直線ACまでの距離が全部一緒になる。

図に直線を書いていくと、右のような2つの直線上に点Pが来ることになるから、これと関数$y=\frac{1}{3}x^2$との交点P1～P3をすべて求めればそれが答えになるはずだ。

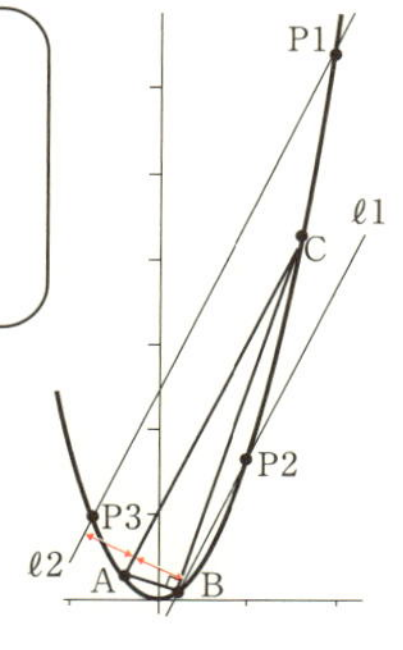

P2がある直線（ℓ1）は、傾きが直線ACと同じで点Bを通ることがわかっているので、計算すると

直線ACの式が $y=2x+\frac{16}{3}$、

直線ℓ1の式は $y=2x-\frac{5}{3}$ になる。

これが $y=\frac{1}{3}x^2$ と交わるから、この2つの式を組み合わせて交点を求める。

$2x-\frac{5}{3}=\frac{1}{3}x^2$ を整理して2次方程式を解くと、$x=1, 5$ となる。

$x=1$は点Bのx座標だから、点P2のx座標は5。

よって、点P2の座標は$(5, \frac{25}{3})$。

次はP1とP3だな。今度は傾きは2だとわかっているけど通る点がわからない。

直線AC,ℓ1,ℓ2がすべて平行であることを利用して、平行線と比の関係を使う。

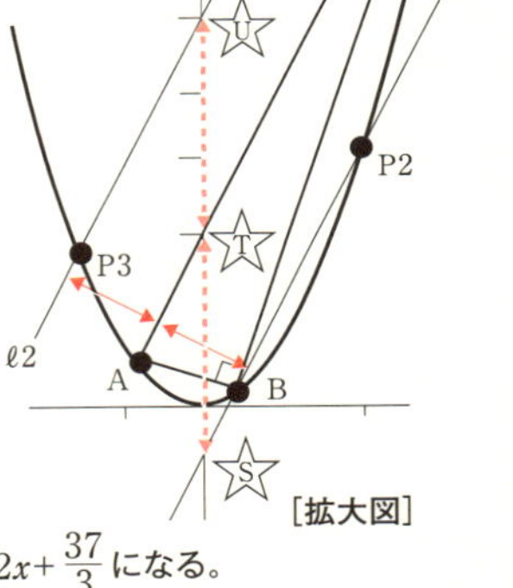

赤の矢印の長さの比が1：1なので、
破線の矢印の長さの比も1：1になる。

SとTの座標はそれぞれ
直線の式から求められる。

したがって、T、Sの座標は
$(0, \frac{16}{3})$、$(0, -\frac{5}{3})$であり、
破線の矢印の長さを求めると、7になる。

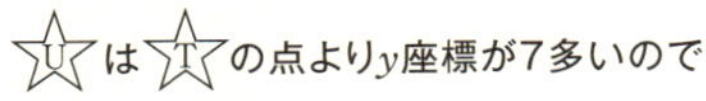

UはTの点よりy座標が7多いので
座標は$(0, \frac{37}{3})$となって、直線ℓ2の式は $y=2x+\frac{37}{3}$ になる。

これと $y=\frac{1}{3}x^2$ を連立して2次方程式の解の公式を使って座標を求めると、

P1$(3+\sqrt{46}, \frac{55+6\sqrt{46}}{3})$、P3は$(3-\sqrt{46}, \frac{55-6\sqrt{46}}{3})$

よって $(5, \frac{25}{3})$, $(3+\sqrt{46}, \frac{55+6\sqrt{46}}{3})$, $(3-\sqrt{46}, \frac{55-6\sqrt{46}}{3})$

CLEAR!!
答えに√入っても
自信持って出しなよ〜

ハイレベル問スター 上級編

high level monster

1 カーボンナノチューブは、
炭素原子を正六角形に敷きつめた
グラフェンシートを筒状に
巻いたような構造をしており、
この巻き方の構造によって性質が
異なるという特徴がある。

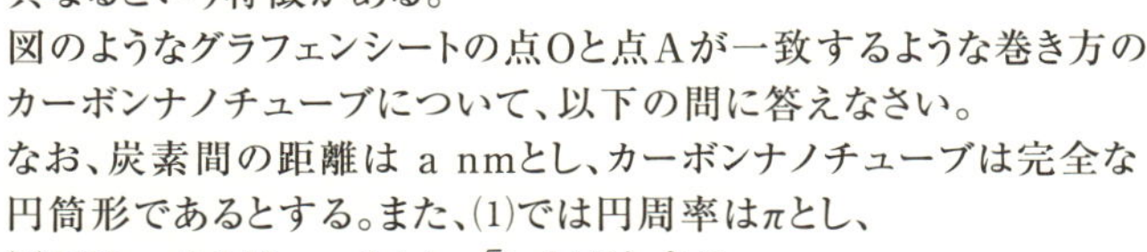

図のようなグラフェンシートの点Oと点Aが一致するような巻き方の
カーボンナノチューブについて、以下の問に答えなさい。
なお、炭素間の距離は a nmとし、カーボンナノチューブは完全な
円筒形であるとする。また、(1)では円周率はπとし、
(2)では$a=0.142$、$\pi=3.14$、$\sqrt{3}=1.73$とする。

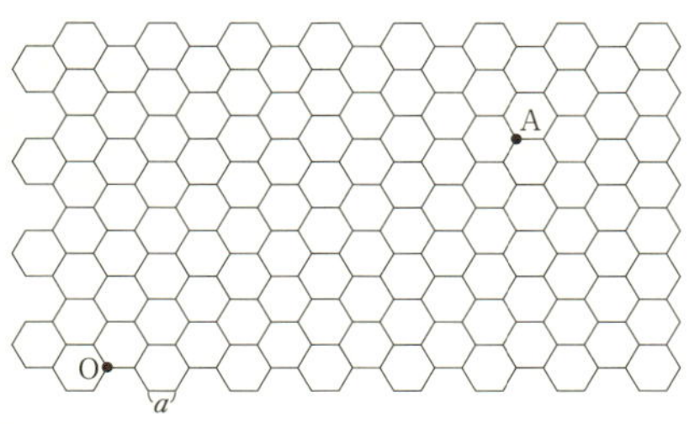

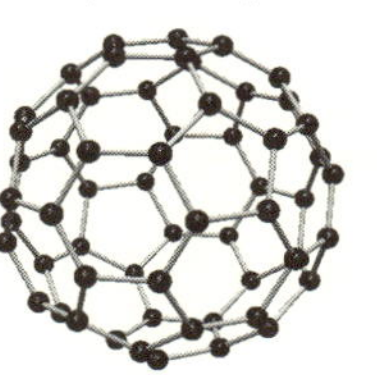

(1) このカーボンナノチューブの直径を、aを用いて表わせ。 平面図形 円 三平方の定理

(2) 60個の炭素原子を、五角形と六角形の頂点になるように並べ、
サッカーボールの模様のようにつなぎ合わせた物質をフラーレンと呼び、
カーボンナノチューブの内部にフラーレンが入ったピーポット(サヤエンドウ)と
呼ばれる物質もよく知られている。さて、フラーレンの直径を0.71nmとしたときに、
このカーボンナノチューブの内部にフラーレンが入るだけの隙間が
あるかないか答えなさい。 空間図形

難しそうな用語がたくさんあるけど、本質は
単純な計算問題だね。いらない情報は無視
して、最後はみんなで仕留めてみようか。

ヒント1

カーボンナノチューブの直径を $d$nm とすると、
円周の長さは直径×円周率で、πd (nm)と表せますね。
ここで「点Oと点Aが一致するような巻き方をしている」
と書いてあるので、このカーボンナノチューブの円周の
長さはOAの長さと同じになります。
後はOAの長さを求めて、方程式を立てて、
それを解けば大丈夫ですよ。見かけに惑わされず、
殺ってみましょう。

ヒント2

フラーレンとかピーポットとか
数学じゃ絶対に見かけないことを言ってるけど、
球とか円柱はお馴染みだ。
要は円柱の直径と球の直径の
どっちが大きいのか考えればいいだけ。
よく見りゃ簡単だよね。

1 -解説と解答-

(1)

点Oと点Aを線分で結ぶと、
右の図みたいに正六角形を
10個横切る長さになるな。

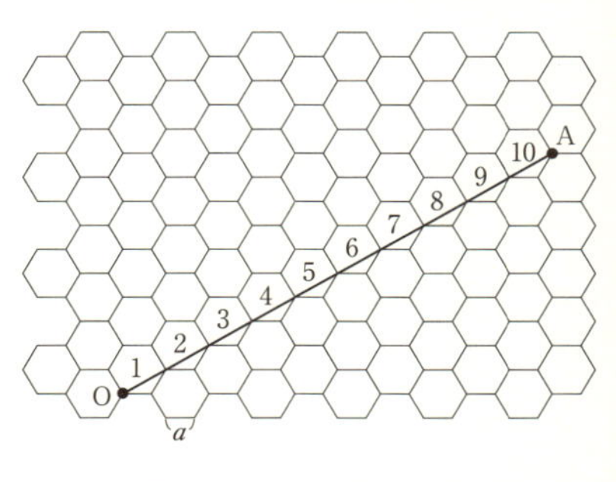

筒状に巻くとOAがちょうど円周と同じ長さになるから、OAを求めれば
このカーボンナノチューブ(円筒)の直径がわかるわね。

まずは、ひとつの正六角形を横切る長さを
求めるために、ひとつの正六角形に注目して考えるか。

図のように、頂点をA',B',C'とするだろ。
ちなみに点**H**（**えっち**）は、A 'C' に
下ろした垂線の足。ムフフ。
おっと、ここで求める長さはA' C' だったぜ。

△O'A'B'は正三角形だから、$O'B'=a$、

Hは$O'B'$の中点だから、$HB'=\frac{1}{2}O'B'=\frac{a}{2}$

△HA' B' は直角三角形だから三平方の定理が使えるね。ここでは…

$A'B'^2=A'H^2+B'H^2$ だから、$A'H^2=A'B'^2-B'H^2$

これにA' B' =a ,B' H = $\frac{a}{2}$ を代入すりゃいいんだろ。

$$A'H=\sqrt{a^2-\frac{a^2}{2^2}}=\sqrt{\frac{3}{4}a^2}=\frac{\sqrt{3}}{2}a$$

点HはA' C' の中点でもあるから、A' C' の長さはA' Hの2倍だね。

$$A'C'=2\times\frac{\sqrt{3}}{2}a=\sqrt{3}a$$

正六角形のこの対角線の長さはよく使うので、
覚えておいても損はありませんねぇ。忘れてしまっても、
どうやって導き出すかわかっていれば怖くないですよ。

ひとつの正六角形を
横切る長さがわかったから、
10個の正六角形を
横切る長さが求められるね。

$$\mathrm{OA} = 10\times\sqrt{3}a = 10\sqrt{3}a$$

ここで、カーボンナノチューブ（円筒）の直径を $d$nm と文字で置く。
円周の長さ＝直径×π だから、dをつかって、πd（nm）と表せる。

さっき求めた円周の長さは$10\sqrt{3}a$ だったから、
方程式を作ればいいってわけね。

$$\pi d = 10\sqrt{3}a$$

$$d = \frac{10\sqrt{3}}{\pi}a$$

答えは $\frac{10\sqrt{3}}{\pi}a$

(2)

これは実際に長さを計算してみて、フラーレン（球）の直径と、
カーボンナノチューブ（円柱）の直径を比べてみよう、ってだけの
簡単な問題だ。難しそうなことも案外簡単な考え方で
できてるもんだね〜。

(1)で求めた答えは $\frac{10\sqrt{3}}{\pi}a$。

問題文より$a=0.142$、$\pi=3.14$、$\sqrt{3}=1.73$

よって $\frac{10\sqrt{3}}{\pi}a = \frac{10\times1.73}{3.14}\times0.142 \fallingdotseq 0.782$（nm）

カーボンナノチューブ（円柱）の直径は 0.782nm。
フラーレン（球）の直径は問題文より 0.71nm。
この2つを比較すればいい。

0.782>0.71
だからカーボンナノチューブ（円筒）の
直径の方が大きい。答えは **「ある」**

やったぁ!!
解けたぁ!!

CLEAR!!

Congratulations!!

みなさんお見事!!

ご褒美の世界一周旅行です!!

殺観光

「警告じゃすまない……か」

千葉はそうつぶやいてから、窓枠から身を乗り出してあたりを見回した。窓枠に真新しい丸い穴が空いている。

「どうする？　言うことを聞く？」

千葉はしばらく押し黙ってから、頭を振った。

「弾道から考えて、速水をかなり近くかすめてる。いくらあっちが凄腕だって、あと数センチ間違えればシャレにならない所だ。撤退するにしても、せめて同じ『警告』は返してやりたい」

速水は、千葉の前髪の奥の目に静かな炎が灯ったのを感じた。これも普段滅多に見れない顔だった。

千葉は、胸ポケットに差してあったシャーペンを、その穴に差し込んだ。ゴムのグリップのついたシャーペンは、ぴったりと穴にはまってほとんどぐらつかなかった。

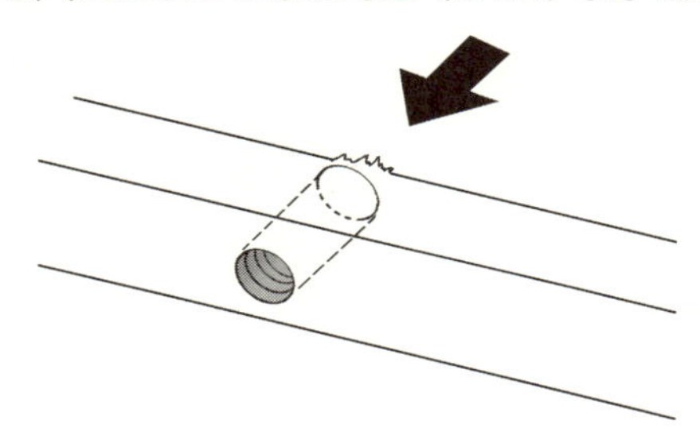

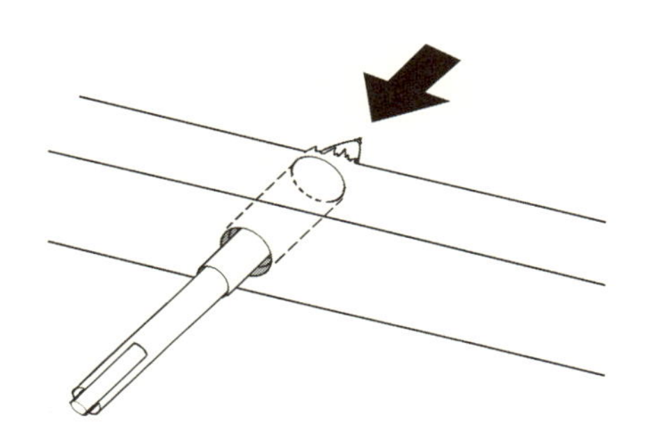

【図解】伝説のスナイパーによる狙撃の結果空いた穴。窓枠の穴にシャープペンシルを差し込み、弾丸の飛来した角度を計っている。

「これで射線を追えば――」

　言いながら、千葉はグリッド表示にしたスマホのカメラで真上と真横からシャーペンの写真を撮った。そうして、写真から角度を出して、用意した図面に直線を引く。

　と、千葉の手が止まった。

「どうしたの？」

　その理由はすぐにわかった。射線の先にあったのは、アーケードの屋根を支える柱だった。問題は、その柱が円形だということだった。

「くそ、さすがだな。これじゃ、どこから撃ったのかわからない」

　千葉と速水が考えついた方法は、跳弾させる場所が斜めになっていたり、曲がっていては使うことができなかったのである。

「でも、柱のだいたいどこに当たったかまではわかるよね？

　それと、縦方向の射線は？　そっちもダメ？」

　千葉は立面図を引き寄せ、さっと定規を当てた。

「……大丈夫のようだ。こっちは追えるよ」

　幸い、こちらには傾いた壁や円柱のようにカーブのある物体はなかった。

「こりゃ、一度地面で弾ませてるか、地面すれすれから撃ったかだな。柱の左側に当たってるのは間違いないから、弾は左から来たんだ」

　千葉は、描いた線を指で追いながら速水を見た。

「もっとも、その前にどこかで跳弾させていたら、相手がどこにいるのかはもうわからない」

　速水は窓枠に目を向けた。

「窓枠に撃ち込まれた弾、結構威力あったよね？」

　千葉も、速水の視線を追う。それは古い木製だったが、球体の弾が貫通していた以上、人間に当たればただでは済まない程度の威力は十分にあったはずだった。

「そうだな」

「だとしたら、そんなに何回も跳ねさせてないと思う。こっちをビビらせるために撃ち込んだんなら、かなり狙いを正確にする必要があったと思うし」

　千葉は図面を見直した。

「なるほど」
「それに、弾は商店街を歩いてる人たちの足もとを通り抜けてることになるけど、こっちを脅かすためだけに、わざわざそんなところを通す理由ってあるかな？」
　千葉は腕組みをして考え込んだ。
　速水の言うとおりだった。どこに向かうかわからない歩行者の足もとを、危険を冒して狙う理由はないはずだ。最終目的の殺せんせーを狙うためならともかく、ここで事故でも起きれば、いままでの準備がすべてダメになってしまうのだから。
　考えられる理由はひとつだった。そこを通して撃つしかなかったのだ。
　速水は図面の一点に指先を押し付けた。
「これ。怪しくない？」
　速水が差しているのは、二人のいる建物のすぐ左に停まっているワンボックスだった。さっき悪臭をふりまいていた、とんこつラーメンの屋台だ。
　最初こそ鼻をつまみたくなるようなニオイだったが、商店街をチェックして歩き回るうちにすっかりマヒして、二人はその存在を忘れてしまっていた。
「そうか、ここから撃ったって考えれば」
「ね？」
　よく思い出してみれば、怪しいところはあった。屋台に使っているのは背の高い車種だったが、なぜか中は上げ底になっていて、店のオヤジはその上であぐらをかいてラーメンを作っていた。手際も悪く、見ている間、終始不機嫌顔だったことを覚えている。
　その時は、こういうやり方もあるのかと、特に疑問にも思わなかったのだが。
「確かに屋台なら移動も自由だ。とんこつラーメンという選択も、殺せんせーの嗅覚を警戒してということなら大正解だ」
　千葉は、窓からそのラーメン屋台をちらと見た。
「……間違いない。あのクルマ、ここから中が一切見えないように、いつの間にか動いてる」
「ホントだ」
　千葉は短く舌打ちした。
「これじゃどうしようもない。くそ、相手の方がなにもかも上か」
　そこで、テーブルの上に置いていたスマホが再び震え始めた。千葉は少しだけ顔をしかめ、伏せてあったスマホを取り上げる。今度は非通知ではなかった。
「岡島(おかじま)!?」
『よっ。同報メールで例のスナイパーが動いたって連絡が来たんでな、お前らのことだから先に殺せんせーを暗殺しようとするんじゃないかって思ってさ。当たりか？』

「いま、どこにいる？　こっちは潰れた食堂の上だ」

　とっさに窓の外を見回すと、視界の端で手を振る影があった。

「竹林(たけばやし)も一緒か？　助かった」

　千葉が手短に状況を伝えると、岡島は短く笑って答えた。

『要するに、そっちにそこの臭いラーメン屋がどうなってるか、伝えられればいいんだな？』

「距離はあっていい、二人ともスマホのテレビ通話モードで、お互いに少し離れてラーメン屋のオヤジをこっちに見せてくれないか？」

『なるほど、三角測量だね』

　竹林の声がそう答えると同時に、スマホの画面が二つに分割されて、ラーメン屋の屋台が角度を変えて映し出された。

『これでいいか？』

　ああ、と答えながら、千葉は距離計に飛びついていた。二人の位置を計測して、映像の角度からラーメンを作っている男の位置を特定する。そうして、窓際に図面を広げたテーブルを引き寄せ、射角を割り出した。

「速水、指示通り撃てるか？」

　すでにライフルに向かっていた速水は、背中越しに親指を立てた。

「左一二度二二分五二秒、下二四度〇七分二一秒」

千葉が言い終わった刹那、シュッと空気の弾ける音が響いた。スマホの画面の向こうで、BB弾が人影をかすめるのが見えた。
「右約30センチ外れた、上下角そのまま、次」
この指示は、画面を見た直感だった。だが、速水なら、千葉の見て取ったものを正確に把握してくれているという確信があった。
再びエアガンの発射音。
「左約10センチ。他はそのまま」
発射音からわずかに遅れて、スマホの中のオヤジの肩でBB弾が跳ねるのが見えた。ぴったりのタイミングで、ラーメンを客に向かって差し出そうとしていたオヤジは、驚いて手にした丼を取り落とす。
窓の外から、小さくごとん、と重い音が聞こえてきた。わずかに遅れて、悲鳴とも怒鳴り声ともつかない絶叫が響く。
どこの言葉か、とっさにはわからなかった。日本語ではないことだけは確かだった。スマホの中では、床板を跳ね上げて突然姿をあらわした人影が、凄まじい形相でラーメン屋のオヤジにつかみかかっていた。
「——当たりか」
速水がほっとした顔の千葉を振り返って、笑みを浮かべる。そうして再びライフルに向き直り、短い間をおいて引き金を絞った。

シュッ。

画面の向こうで、外国人らしいその男——おそらく、伝説のスナイパー——の顔が驚きの表情に固まっていた。額には、速水の撃ったBB弾がしっかりと食い込んでいる。

千葉が小さく右手を差し上げる。速水が、やはり持ち上げた手をそれに合わせた。

それからスマホに目を戻すと、画面の中では、スナイパーは呆然としたまま身じろぎひとつしていなかった。まさかこんな形で自分が狙撃されるとは、考えてもいなかったのだろう。

「ね！　当てられない標的なんてないでしょ？」

速水が気持ちのいい表情で笑う。

スマホから岡島の声が響いた。

『喜んでるところ悪いが、殺せんせー、こっちに向かって来るぞ』

二人の表情に緊張が戻る。距離計のスコープに取り付いた千葉は、物産展を離れた殺せんせーが、アーケード街を通って帰ろうとしている姿を見つけていた。

千葉は殺せんせーの少し先に標的を定め、図面から射角を割り出した。それから、速水に指示を出そうと顔を起こす。

「今度はそっちの番でしょ」

肩に手が軽く触れる感触があった。速水に促されるようにして場所を入れ替わった千葉は、ぎゅっと口もとを引き締め、ライフルの前に座った。

今度は一発で仕留めなければならない。殺せんせーに気づかれたら、もう当てることができないのはわかっていた。

耳の奥で鼓動が高鳴る。これはただの狙撃ではなかった。岡島や竹林たち、そして速水と一緒に考え、作り出した状況なのだ。

じっと構えるうちに、周囲の雑音が消えていく感覚があった。

間合いを計る、速水の呼吸が聞こえてくる。無意識に呼吸を合わせるうち、まるで、彼女がスコープ越しに見ているものが、自分にも見えるかのように感じられた。

速水の右手が、高く上がるのがわかった。あと2メートル……1メートル。速水がそう声に出しているかのようだった。

腕が振り下ろされるのと、千葉が引き金を引いたのはまったく同時だった。目で見て反応したのでは、絶対に不可能なタイミングだったと言っていい。

鋭い発射音とともに、短い反動があった。

ライフルから放たれたBB弾は、思い描いた通りにきっかり二度反射して、殺せんせーの左斜め頭上から襲いかかった。

その時だった。

スコープをのぞいていた速水が、ビクッと身を引いた。

「え?」

「……こっち見た」

ぎょっとなった千葉は、思わず窓から身を乗り出して通りを見下ろした。

「いやぁ、惜しかったですねぇ」

商店街の雑踏の中で、千葉と速水の二人は、いつもの余裕の笑みを浮かべた殺せんせーの前に立っていた。

確信をもって放った必殺の弾丸は、命中する寸前、首を引っ込めた殺せんせーにかわされていた。

「先生、気づいてました。あなたたちが、なにか計画を練っていたことを」

どうやら、岡島の鏡の騒動にヒントを得た千葉の表情を見て、殺せんせーは彼が跳弾を狙っていた事を察したらしい。

「生徒が自発的に暗殺を試みるのは、大変喜ばしいことです。まして、ほんのすこし耳にしただけの情報から推測し、調べ、自分たちでその手段を考え出すとは。もし先生が気づいていなかったら、本当に暗殺されてしまっていたかもしれません」

そう言ってから、殺せんせーは千葉に顔を向けた。

「とはいえ、あなたたちの考えた方法が、完全ではないことには気づいていますね？」

千葉はうなずいた。

「あなたたちの思いつきは素晴らしいものですが、残念ながら垂直で平らな壁にしか使えません。角度がついていたり、曲がっている面でも同じことをするには、微分、積分、行列といった、もっと高度な知識と複雑な計算が必要になります。伝説のスナイパーはあなたたちに敗れましたが、それは彼があなたがたを侮っていたからです。本来なら、彼の知識と技術には、あなたがたでは太刀打ちできなかったでしょう」

「それは、わかります」

素直に認める千葉に、殺せんせーは満足そうにうなずいた。

「結構。たとえ敵であっても、相手の優れた部分は素直に認め、それを乗り越えるべく努力することが、さらなる成長につながるのです。逆に、どれほど優れた人間でも、相手に敬意を持てなければ、今日の彼のように屈辱的な目にあうこともあるわけです」

言いながら、殺せんせーはラーメン屋台に顔を向けた。

伝説のスナイパーは殺せんせーの視線に気づくと、表情をこわばらせて運転席に飛び乗り、そのまま商店街を離れていった。
「もっとも君たちに、こんな事を説く必要はないかもしれませんがねぇ。生徒の成長を感じられるのは、教師冥利につきるというものです」
　感慨深げな笑みを浮かべてから、殺せんせーは二人に再び顔を向けた。
「そこで先生、あなたがたに宿題です。この狙撃術を完成させなさい。期限は決めません。そのかわり、ヒントも与えませんよ。すべて自分たちだけの力で完成させるのです。なにもこれは暗殺だけに役立つものではありません。この宿題の過程であなたがたが得るものは、おそらく自分たちが想像するよりずっと、知識や発想の幅を広げてくれることでしょう」
　それからふたたび余裕の笑みを浮かべ、殺せんせーは触手の先につかんだまんじゅうを持ち上げて見せた。
「ヌルフフフフ、今日は本当に喜ばしい日です。こうして生徒の成長を肌で感じ、しかも念願のいるまんじゅうを味わうことができる。職員室で玉露を楽しみながらゆっくりいただこうと思いましたが、これほど素晴らしい瞬間に食べないなどという、もったいないことはできません」
　千葉は、うぐいす色のまんじゅうに違和感を覚えていた。

表面になにか丸いものが食い込んでいるように見える。それが、自分の撃ったBB弾だと気づいた時には、殺せんせーはすでにまんじゅうにかぶりついた後だった。
　殺せんせーの甲高い悲鳴が、狭いアーケード商店街の中に響き渡った。

　3年E組は、暗殺教室。
　始業のベルは、明日も鳴る。

注意事項

1. この試験の問題は本書に収録された内容から構成されている。
2. 解答には黒色鉛筆、黒色シャープペンシルを使用すること。
3. 何度もこの試験を受けることができる。ただし、何度も受ける場合は、解答ページを複数用意すること。
4. この試験を受ける者は不正を行わず、正々堂々と取り組むこと。
5. 制限時間はなく、試験途中での中断は可能。小休憩を挟みつつ、本書で学んだことを思い出して完遂すること。

修了試験の解答は巻末袋とじへ!!

1 次の問いに答えなさい。

(1) $\frac{5}{3}-2^3\times\left(-\frac{1}{7}\right)$を計算しなさい。(3点)

(2) $0<a<b$のとき，$|a-b|+|a+b|$を計算しなさい。(3点)

(3) $a=2,\ b=3$のとき，$3ab^3\times\frac{1}{2}a\div b^2$の式の値を求めなさい。(3点)

(4) $(\sqrt{2}-\sqrt{3})(2\sqrt{6}+\sqrt{9})$を計算しなさい。(3点)

(5) 連立方程式$\begin{cases}3x+5y=2\\2x+3y=-1\end{cases}$を解きなさい。(3点)

2 次の問いに答えなさい。

(1) $a^2-b^2=(a+b)(a-b)$ であることを利用して，x^2-y^2-2x+1 を因数分解しなさい。(5点)

(2) yはxの一次関数であり，xの変域が $-1 \leqq x \leqq 3$ のとき，
yの変域は $3 \leqq y \leqq 5$ である。
このような一次関数として考えられるものをすべて求めなさい。(5点)

(3) 図形の性質について述べた文として適切なものを，次のア〜エの中からすべて選びなさい。(5点)

ア　すべての角が等しい三角形どうしはすべて相似である
イ　2組の辺の比と1つの角がそれぞれ等しい三角形どうしはすべて相似である
ウ　正六面体の辺の数と正八面体の辺の数は等しい
エ　正十二面体の面は三角形である

(4) あるデータの中央値が最頻値よりも小さいときのヒストグラムの形はどのようになるか。ア〜ウで最も適切なものを選びなさい。(5点)

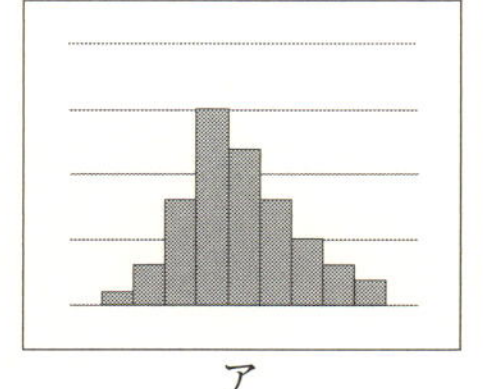
ア

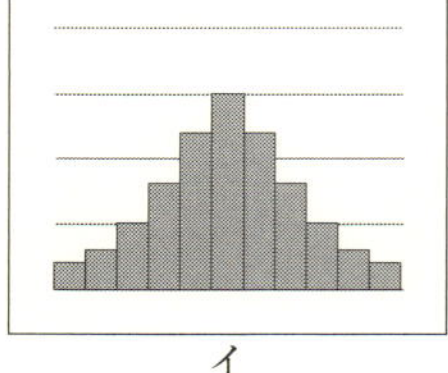
イ

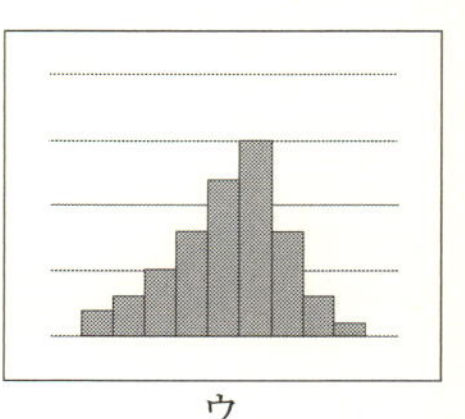
ウ

3

図のように，関数 $y=\frac{1}{2}x^2$ が直線ℓ：$y=-\frac{1}{2}x+3$ と2点P，Qで交わっている。2点P，Qからx軸に垂直に下した点をそれぞれS$(p,0)$，R$(q,0)$，直線ℓとy軸との交点をAとする。以下の問いに答えなさい。

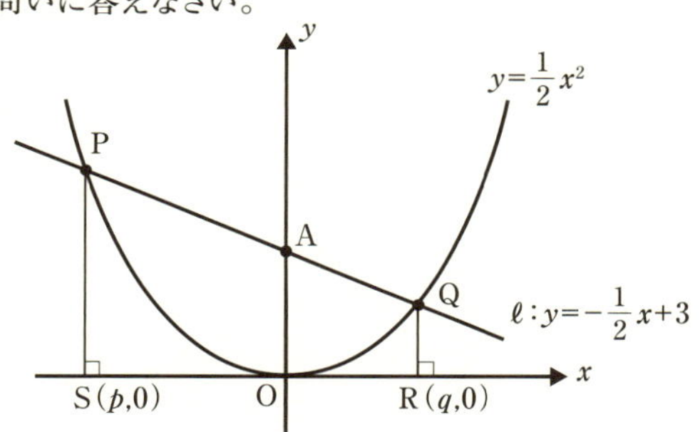

(1) 2点P,Qの座標をそれぞれ求めなさい。(4点)

(2) xの変域が $p \leqq x \leqq q$ であるとき，$y=\frac{1}{2}x^2$の変域を求めなさい。(4点)

(3) 四角形PQRSを直線QRを軸として1回転させてできる立体の体積を求めなさい。円周率はπとする。(6点)

(4) 四角形PAOSを直線QRを軸として1回転させてできる立体の体積を求めなさい。(8点)

4 下の図のように、半径3cmの円O上に点A, B, Cがある。
円周率をπとして、以下の問いに答えなさい。

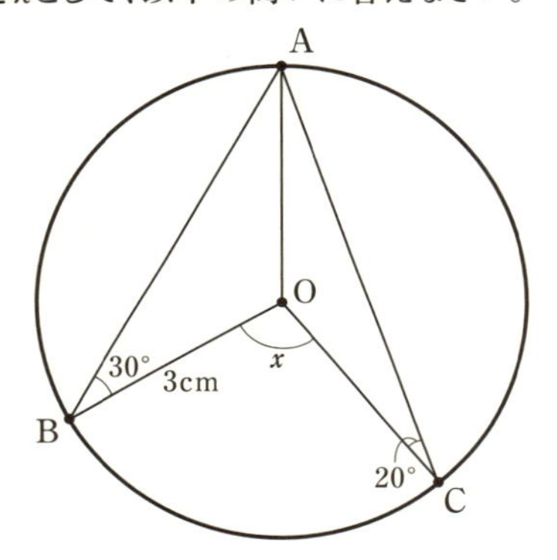

(1) $\angle x$の大きさを求めなさい。(3点)

(2) 弧BCの長さを求めなさい。(4点)

(3) おうぎ形OBCを側面とする円錐Pを考える。
円錐Pの表面積を求めなさい。(6点)

(4) 円錐Pの体積を求めなさい。(8点)

5 0から5までの整数が1つずつ書かれた6枚のカードがある。これらをよくシャッフルして3枚のカードを続けて取り出し、取り出した順に左から並べて3けたの数字Aをつくる。ただし、百の位が0のときは2けたの数字として扱う。例えば、5、3、1の順にカードを引いた場合はA=531であり、0、1、2の順にカードを引いた場合はA=12である。以下の問いに答えなさい。

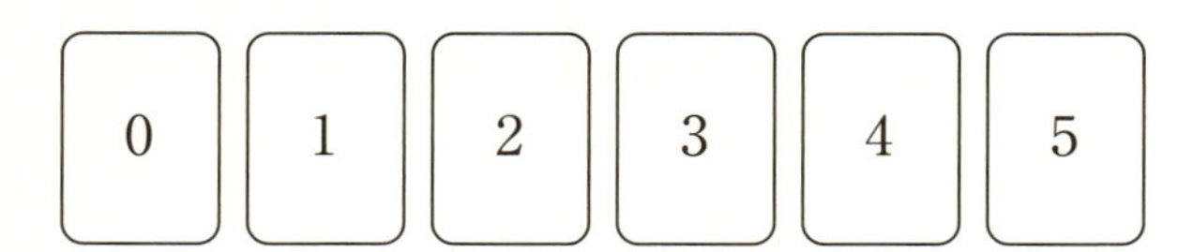

(1) Aが2けたの数字になる確率を求めなさい。(4点)

(2) Aが奇数になる確率を求めなさい。(4点)

(3) Aが323より大きくなる確率を求めなさい。(6点)

(4) Aに対し、カードの順番を反対にして数字Bをつくる。A＞Bとなる確率を求めなさい。例えば、A=123に対し, B=321である。(8点)

索引 INDEX

用語を五十音順に並べておきました。知りたい項目をすばやく参照できるので便利ですよ。

あ行

移項 101
一元一次方程式 031
1次関数 110
因数分解 165／176
円 044／198
円周 044
円周角 199
円周率 017／044
円錐 053
円柱 053
円の接線 046／048
円の面積 044
おうぎ形 044

か行

外角 121
階級 067
回転移動 043
回転体 056
解の公式 178
∠（角） 041
角錐 055
角柱 055
角の二等分線 045／047
確率 138
加減 163
加減法 106
傾き 111
関数 035
関数 $y=ax^2$ 180
逆数 021
球 055
共通因数 166
近似値 068
グラフ 035／112
係数 027
弦 044
原点 018／035
$\overset{\frown}{AB}$（弧） 044
項 027
≡（合同） 129
合同条件 129／132
誤差 068

さ行

最頻値 066
錯角 122
三平方の定理 194
軸 035
事象 137
次数 031
自然数 018
樹形図 137
条件付き確率 143
乗除 163
＜（小なり） 019
≦（小なりイコール） 019
証明 130
錐 052
垂線 042／047
⊥（垂直） 042／058
垂直二等分線 045／048／122
数直線 018
正多角形 056／121
正多面体 056
正の数 018
積の法則 141
接線 046
| |（絶対値） 019
接点 046
切片 111
全数調査 205
線分 041
素因数分解 171

双曲線 037
∽（相似） 186
相似な三角形 187
相似比 186
相対度数 068
側面積 053
素数 171

た行

ターレスの定理 199
対角 123
対称移動 043
体積 016
体積比 190
対頂角 122
>（大なり） 019
≧（大なりイコール） 019
代入 025
代入法 105
代表値 066
多角形 121
多項式 098
たすきがけ 177
単項式 098
柱 052
中央値 066
中心角 199
中点 045
中点連結定理 189
直線 041／059
直線の式 114
直角 041
底面積 053
展開図 053
展開の公式 164
同位角 122
投影図 057
等式 028／101
同様に確からしい 137
同類項 098
解く 101
度数 067

な行

内角 121
2次方程式 174
ねじれの位置 057

は行

場合の数 138
π（パイ） 017／044
範囲 065
半径 044
半直線 041
反比例 036
ヒストグラム 067
標本調査 204
表面積 017
表面積比 190
比例 035
比例定数 035
符号 018
不等号 019
不等式 028
負の数 018
+（プラス） 018
分配法則 028／163
平均値 066
//（平行） 042／058
平行移動 043
平行四辺形 123／132
平行線 042／190
平方根 169
平面図 057
変域 035
変化の割合 112／183
変数 035
方程式 030
放物線 182
母集団 205／206
母線 052

ま行

−（マイナス） 018
未知数 031／175
面積 016
文字 024
文字式 026／102

や行

有効数字 068
有理化 170／172
余事象 142

ら行

累乗 021
立面図 057
√（ルート） 169
連立方程式 105

わ行

和の法則 141

暗殺教室　殺すう まるごと中学基礎数学

●本書は書き下ろしです。

2016年5月31日　第1刷発行
2021年6月29日　第5刷発行

原作　松井優征
小説　日下部匡俊
数学監修　東京大学数学対策チーム
（仲又暁洋 上田雄登 堅山耀太郎 箕輪紘弥 小林洋祐）
装丁　久持正士／土橋聖子（ハイヴ）
編集　荻野文雄 武藤達也 佐藤裕介（STICK-OUT）
原作担当　村越周
編集人　千葉佳余
デザイン　出待晃恵／森田彩美（POCKET）
渡部夕美（テラエンジン） 楠純哉
図版　内海痣
発行者　北畠輝幸
発行所　株式会社 集英社
〒101-8050
東京都千代田区一ツ橋2-5-10
編集部　03(3230)6297
読者係　03(3230)6080
販売部　03(3230)6393（書店専用）
印刷所　凸版印刷株式会社
Printed in Japan

ISBN978-4-08-703393-9　C0093
検印廃止

●参考文献

『全国高校入試問題正解 分野別過去問 572題 数学 図形2015～2016年受験用』旺文社、2014年。
『全国高校入試問題正解 分野別過去問 829題 数学 数と式・関数・資料の活用 2015～2016年受験用』旺文社、2014年。
『2016年受験用 全国高校入試問題正解 数学』旺文社、2015年。
『受験生の50%以上が解ける落とせない入試問題数学』旺文社、2010年。
『開成高等学校28年度用 声教の高校過去問シリーズ 6年間スーパー過去問T5』声の教育社、2015年。
高橋一雄『語りかける中学数学 増補改訂版』ベレ出版、2012年。
桜井進『考える力が身につく！ 好きになる 算数なるほど大図鑑』ナツメ社、2014年。
『増補改訂版　算数おもしろ大事典IQ』学研教育出版、2013年。

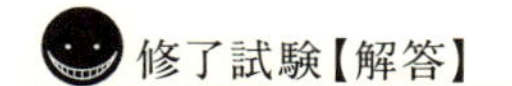

(3) $\frac{1}{3}+\frac{1}{15}+\frac{1}{60}=\frac{5}{12}$

求める確率は以下の和となる。

(i) 1枚目に4か5を取り出す確率

$\frac{2}{6}=\frac{1}{3}$

(ii) 1枚目に3を取り出したあとに4か5を取り出す確率

$\frac{1}{6}\times\frac{2}{5}=\frac{1}{15}$

(iii) 1枚目に3、2枚目に2を取り出したあとに4か5を取り出す確率

$\frac{1}{6}\times\frac{1}{5}\times\frac{2}{4}=\frac{1}{60}$

よって答えは $\frac{1}{3}+\frac{1}{15}+\frac{1}{60}=\frac{5}{12}$

(4) $\frac{1}{2}$

AとBで十の位の数字は同じなので、Aの百の位の数字が一の位の数字よりも大きければよい。求める確率は以下の和となる。

(i) 1枚目に5を取り出す確率

$\frac{1}{6}$

(ii) 1枚目に4を取り出し、3枚目に0か1か2か3を取り出す確率

$\frac{1}{6}\times\frac{4}{5}\times\frac{1}{4}\times4=\frac{2}{15}$

（2枚目にx以外を取り出し、3枚目にxを取り出す確率を$x=0,1,2,3$のすべてに対して求めるので4倍している）

(iii) 1枚目に3を取り出し、3枚目に0か1か2を取り出す確率

$\frac{1}{6}\times\frac{4}{5}\times\frac{1}{4}\times3=\frac{1}{10}$

(iv) 1枚目に2を取り出し、3枚目に1か0を取り出す確率

$\frac{1}{6}\times\frac{4}{5}\times\frac{1}{4}\times2=\frac{1}{15}$

(iv) 1枚目に1を取り出し、3枚目に0を取り出す確率

$\frac{1}{6}\times\frac{4}{5}\times\frac{1}{4}=\frac{1}{30}$

よって求める答えはこれらを足し合わせて $\frac{1}{2}$

※Aは異なる3つの数字から作られているので、百の位の数字の方が一の位の数字より大きいAと一の位の数字の方が百の位の数字より大きいAは場合の数が等しい。よって$\frac{1}{2}$と求めることもできる。

(4) $\frac{25\sqrt{299}}{648}\pi\text{cm}^3$

三平方の定理より、(円錐Pの高さ)$=\sqrt{(\text{母線の長さ})^2-(\text{底面の半径})^2}$

$=\sqrt{9-\frac{25}{36}}=\frac{\sqrt{299}}{6}$

円錐Pの体積は、$\frac{1}{3}\times\frac{25}{36}\pi\times\frac{\sqrt{299}}{6}=\frac{25\sqrt{299}}{648}\pi\text{cm}^3$

5

余裕があるときは樹形図を使うのも手ですよ

(1) $\frac{1}{6}$

1枚目に0を取り出せばよい

(2) $\frac{1}{6}+\frac{1}{6}+\frac{1}{6}=\frac{1}{2}$

1けた目が1か3か5になる確率を求める。
1枚目と2枚目に1以外のカードを引き、3枚目に1のカードを引く確率は
$\frac{5}{6}\times\frac{4}{5}\times\frac{1}{4}=\frac{1}{6}$ であり、これを1のカードではなく3や5のカードで考えた場合も同じ確率になる。

※実は、Aが531のとき、カードの取り出し方は5、3、1の順の1通りに決まるように、Aの場合の数とカードの取り出し方の場合の数は対応している。
よって、最初に取り出したカードを一の位、次に取り出したカードを百の位、最後に取り出したカードを十の位として数字Aを作っても
この問題の答えは変わらない。このとき、1けた目が1になる確率は
1枚目に1を取り出せばよいので、$\frac{1}{6}$

一番最後のページで先生なりに得点の評価をしました

(3) $\pi\times5\times5\times\frac{9}{2}-\frac{1}{3}\times\pi\times5\times5\times\frac{5}{2}=\frac{275}{3}\pi$

求める体積は，半径$2-(-3)=5$，高さ$\frac{9}{2}$の
円柱の体積から半径$2-(-3)=5$、
高さ$\frac{9}{2}-2=\frac{5}{2}$の円錐の体積を引いたものになる。

(4) 81π

四角形PQRSを直線QRを軸として1回転させてできる立体をF、
四角形AQROを直線QRを軸として1回転させてできる立体をGとすると、
求める体積はFの体積からGの体積を引いたものである。
Fの体積は(3)より$\frac{275}{3}\pi$で、Gの体積は、(3)と同様に求めると、
$\pi\times2\times2\times3-\frac{1}{3}\times\pi\times2\times2\times(3-2)=\frac{32}{3}\pi$
よって、求める体積は$\frac{275}{3}\pi-\frac{32}{3}\pi=81\pi$

4

(1) $x=100^\circ$

△OABと△OACは二等辺三角形なので、
$\angle BAC=\angle OBA+\angle OCA=50^\circ$
円周角の定理より $x=100^\circ$

(2) $2\times\pi\times3\times\frac{100}{360}=\frac{5}{3}\pi$ cm　　(3) $\frac{115}{36}\pi$ cm²

おうぎ形OBCの面積は，$\pi\times3\times3\times\frac{100}{360}=\frac{5}{2}\pi$
底面の円の半径をrとすると、この円の円周は弧BCの長さに等しいので、
$2\pi r=\frac{5}{3}\pi$となり、$r=\frac{5}{6}$
よって底面の面積は$\pi\times\frac{5}{6}\times\frac{5}{6}=\frac{25}{36}\pi$となるので、
円錐Pの表面積は$\frac{5}{2}\pi+\frac{25}{36}\pi=\frac{115}{36}\pi$ cm²

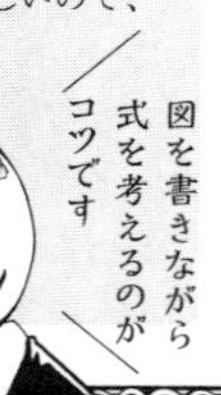

図を書きながら式を考えるのがコツです

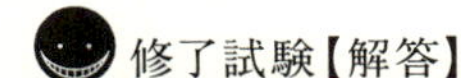

修了試験【解答】

1

(1) $\underline{\dfrac{59}{21}}$

(2) $\underline{2b}$

> $a-b$は負になるので，$|a-b|=-a+b$ となる。

(3) $\underline{18}$

(4) $\underline{-3\sqrt{2}+\sqrt{3}}$

(5) $\underline{x=-11,\ y=7}$

2

(1) $x^2-y^2-2x+1=(x-1)^2-y^2=\underline{(x+y-1)(x-y-1)}$

(2) $\underline{y=\dfrac{1}{2}x+\dfrac{7}{2}\ ,\ y=-\dfrac{1}{2}x+\dfrac{9}{2}}$

> 2点(−1、3)、(3、5)をともに通る場合と、2点(−1, 5)，(3, 3)をともに通る場合がある。それぞれを求める。

(3) ア（正）
イ（誤）
ウ（正）
エ（誤）

> イ：比がわかっている辺の組の間ではない角度が等しくても相似とは限らない。
> エ：正五角形である。

(4) ウ

> 一番山の高い場所が最頻値となる。
> ヒストグラムの左側が右側に比べて多くなると、
> 真ん中より左側にデータの過半数が現れるため、
> 中央値は左側に寄る。

3

(1) $\underline{P\left(-3,\ \dfrac{9}{2}\right),\ Q(2,\ 2)}$

> $y=\dfrac{1}{2}x^2$ と $y=-\dfrac{1}{2}x+3$ を連立して2次方程式を解くと、$x=-3,\ 2$となる。

(2) $\underline{変域は0\leqq y\leqq \dfrac{9}{2}}$

> $-3\leqq x\leqq 2$のとき、関数$y=\dfrac{1}{2}x^2$は$x=0$で最小値0を，$x=-3$で最大値$\dfrac{9}{2}$をとる。

殺すう
修了試験解答

3-E

注意事項

1. この袋とじは、P280からの修了試験の解答が記載されている。
2. 本書の内容を十分理解した者のみが開くこと。
3. 解答を理解できない場合は該当ページをもう一度読み直すこと。
4. 解答の後には松井優征先生描き下ろしマンガが収録されている。
   必ず解き終わってから参照すること。

▶カッターやハサミで丁寧に切ってね！　手を切らないように気をつけよう!!